Warum ist der
Eisbär weiß?

Bas Haring, Jahrgang 1968, studierte in Utrecht Informationstechnologie und künstliche Intelligenz. Mit seinem ersten Jugendbuch *Käse und die Evolutionstheorie* gewann er in den Niederlanden auf Anhieb zwei Preise, den Jugendbuchpreis der Goldenen Eule und den Eureka!-Preis für Wissenschaft.

Warum ist der Eisbär weiß?

Bas Haring erklärt die Evolution und die Geschichte des Lebens

Aus dem Niederländischen von Monika Götze

Illustrationen von Silke Reimers

Campus Verlag
Frankfurt/New York

Die niederländische Originalausgabe *Kaas en de evolutietheorie* erschien 2001
bei Uitgeverij Houtekiet, Antwerpen.
Copyright © 2001 Uitgeverij Houtekiet NV.
Lizenzvermittlung durch Agentur Monika Götze.
Die Übersetzung wurde ermöglicht durch die freundliche Unterstützung
von Nederlands Literair Produktie- en Vertalingenfonds, der Stiftung
für die Produktion und Übersetzung niederländischer Literatur.

Bibliografische Information der Deutschen Bibliothek

Die Deutsche Bibliothek verzeichnet diese Publikation in der
Deutschen Nationalbibliografie. Detaillierte bibliografische Daten
sind im Internet über http://dnb.ddb.de abrufbar.
ISBN 3-593-37298-3

Das Werk einschließlich aller seiner Teile ist urheberrechtlich geschützt.
Jede Verwertung ist ohne Zustimmung des Verlags unzulässig. Das gilt
insbesondere für Vervielfältigungen, Übersetzungen, Mikroverfilmungen
und die Einspeicherung und Verarbeitung in elektronischen Systemen.
Copyright der deutschen Ausgabe © 2003 Campus Verlag GmbH, Frankfurt/Main
Umschlaggestaltung: Silke Reimers, Mainz
Satz: Presse- und Verlagsservice, Erding
Druck und Bindung: Druckhaus Beltz, Hemsbach
Gedruckt auf säurefreiem und chlorfrei gebleichtem Papier.
Printed in Germany

Besuchen Sie uns im Internet: www.campus.de

Inhalt

Teil 1:
Die Evolutionstheorie

Wie und Warum 11

Die Evolutionstheorie

Die drei Zutaten der Evolutionstheorie – Warum sind Eisbären weiß? –

Eine evolutionär veränderte Fußballmannschaft 14

Arten

American Football und Rugby – Was ist eigentlich eine Art? –

So erfindest du deine eigene Kaninchenart 29

Gene

Was sind Gene? – Die Auswirkung von Vererbung –

Eine Erklärung für die Vielfalt innerhalb einer Art 37

Die Geschichte der Evolution

Vom Fisch zum Mensch – Vom Einzeller zum Fisch –

Vom Nichts zum Einzeller – Was ist Leben? –

Wir lesen im Kaffeesatz 44

Teil 2:
Die Evolutionstheorie und weiter...

Der Abalone-Champion
*Ein Gedanken-Experiment, um die Wirkungsweise der Evolution
anschaulich zu machen – Eine Strategie, mit der man jeden
Weltmeister bei jedem Denkspiel besiegen kann* 57

Evolution kann nicht denken
*Nutzlose und unpraktische Eigenschaften von Pflanzen und
Tieren – Der menschliche Trugschluss, hinter allem einen Sinn
zu suchen – Wie Käse erfunden wurde* 63

Grenzen der Möglichkeiten
*Wieso kann ein Hund von einem Huhn keine Kinder bekommen? –
Wieso gibt es keine Hunde mit Federn?* 72

Der biologische Kopierapparat
Wie schlau Gene sein können – Wir alle sind Kopierapparate 76

Unsterblichkeit
*Wie kann man unsterblich werden? –
Gibt es Unsterblichkeit bereits? – Wieso sterben wir?* 82

Sex
*Elefant Fatale – Selbstvermarktung – Mann gegen Frau –
Homosexualität – Sex und Arten* 90

Familienbande
*Warum man seine Geschwister liebt – Eltern-Kind-Beziehung –
Wie man sich fortpflanzt, ohne Kinder zu bekommen* 103

Die kulturelle Evolution
*Dass man sich nicht an Genen festbeißen soll –
Die Evolution der Ideen – Survival of the fittest* 112

Verhalten

Die Evolution des Verhaltens – Individuelles Verhalten –
Gruppenverhalten. 119

Die Geschichte der Moral

Ob man von einer universellen, immer und überall geltenden
Moral sprechen kann – Ob man das Gesetz übertreten darf –
Konflikte zwischen Individuen und der Mehrheit: Wer hat Recht? –
Wieso wir so hart arbeiten. 127

Gibt es Gott?

Über den Anfang der Dinge – Ob man gleichzeitig an Gott
und die Evolutionstheorie glauben kann 145

Zum Schluss 153

Teil 1
Die Evolutionstheorie

Dieser Teil des Buches erklärt die Evolutionstheorie. Wenn du ihn gelesen hast, weißt du, wie die Evolution funktioniert, wie es kommt, dass es überall verschiedene Tier- und Pflanzenarten gibt und was Gene sind.

Der zweite Teil dieses Buches handelt von allerlei Themen und Fragen, auf die die Evolutionstheorie ein überraschendes Licht wirft. Fragen wie: Kann man unsterblich werden? Wieso kann ein Hund mit einem Huhn keine Kinder bekommen, und darf man das Gesetz übertreten?

Wie und warum

Wenn du schon mal bei einem Korallenriff geschnorchelt hast, in einem Regenwald spazieren gegangen bist oder dich einfach mal in einem Gartencenter oder Zoo gut umgeschaut hast, dann weißt du, dass die Natur unglaublich prächtig und einfallsreich aufgebaut ist. Dafür gibt es unzählige Beispiele: Eisbären haben ein dickes, weißes Fell, das dafür sorgt, dass sie nicht frieren und im Schnee nicht auffallen. Es gibt Tiefseefische mit leuchtenden Körperteilen, die sie in dunklen Tiefen wie eine Taschenlampe benutzen können. Kokosnüsse sind wie Milchpackungen, die an Bäumen wachsen, fix und fertig, zum Pflücken und Trinken. Solche Beispiele gibt es viele.

Wenn man sich in der Natur umsieht, bekommt man unweigerlich den Eindruck, dass all die Pflanzen und Tiere nicht einfach so entstanden sind. Alles passt so wunderbar zusammen. Das dicke, weiße Fell der Eisbären, die Laternen der Tiefseefische, die Kokosnüsse und so weiter – das muss sich doch irgendein Super-Ingenieur ausgedacht haben?

Doch dem ist nicht so. Tiere und Pflanzen sind im Laufe der Zeit nach und nach durch den Prozess der Evolution entstanden. Und die Evolution – zusammen mit einer Reihe anderer Aspekte, die damit zu tun haben – ist das Thema dieses Buches. Mein Buch soll nicht als tiefgründige und wissenschaftliche Abhandlung verstanden werden. Vieles habe ich vermutlich vergessen aufzuschreiben, und vielleicht liege ich ab und zu sogar ganz falsch. Dieses Buch soll vielmehr den Anstoß zum Weiterdenken bieten.

Wir beginnen mit einer Einführung in die Evolutionstheorie. In dieser Einführung werden wir unter anderem eine Antwort auf die Frage bekommen: Warum sind Eisbären weiß?

Aber bevor wir hierauf eingehen, nehmen wir erst einmal die Frage selbst genauer unter die Lupe. Es sieht auf den ersten Blick gar nicht danach aus, aber *Warum sind Eisbären weiß* ist eine ziemlich komplizierte Frage. Das liegt an dem verzwickten Wörtchen *Warum*.

Vergleiche einmal folgende Fragen:

Warum sind Feuerwehrautos rot?
Warum sind Eisbären weiß?
Warum ist der Himmel blau?

Die Antwort auf die erste Frage ist einfach: Ein Feuerwehrauto ist rot, damit es im Straßenverkehr auffällt. Das Rot der Feuerwehrautos verfolgt ein eindeutiges Ziel. Irgendjemand – ein Feuerwehrauto-Designer – hat sich irgendwann einmal darüber Gedanken gemacht und dann alle Feuerwehrautos rot spritzen lassen.

Und warum ist der Himmel blau? Auf jeden Fall hat das Blau des Himmels nicht, wie das Rot der Feuerwehrautos, einen eindeutigen Zweck. Der Himmel hätte genauso gut grün oder gelb sein können. Wenn man einen Meteorologen fragen würde, warum der Himmel blau ist, würde er vermutlich mit einer komplizierten Geschichte über die Farbe des Sonnenlichts, die Reflektion des Lichts an den Luftteilchen und so weiter, antworten. Eigentlich antwortet der Meteorologe dann auf die Frage *Wie kommt es, dass der Himmel blau ist?* Scheinbar gibt es eine Sprachverwirrung zwischen *Wie* und *Warum*: *Warum* kann manchmal *Wie* bedeuten. Wie sieht es dann mit der Frage *Warum sind Eisbären weiß?* aus? Meinen wir dann, wie es kommt, dass ein Eisbär weiß ist, oder meinen wir wirklich *Warum*? Bei diesen Fragen laufen *Wie* und *Warum* noch mehr ineinander. Aber wer weiß, vielleicht werden diese Schwierigkeiten bei der Fragestellung ja klarer, wenn wir auf die Evolutionstheorie eingehen.

Wir werden sehen, dass die Evolutionstheorie nicht nur etwas über die Entstehungsgeschichte der Pflanzen und Tiere aussagt, sondern eine viel tiefere Bedeutung hat. Die Evolutionstheorie wirft ein ganz neues Licht auf jahrhundertealte philosophische Fragen, wie *Warum ist das Leben entstanden?* und *Was ist Gut und Böse?*. Aber die Evolutionstheorie hat auch Einfluss auf ganz alltägliche Fragen. Zum Beispiel *Ist Homosexualität natürlich?* oder *Wie ist eigentlich Käse erfunden worden?* Alles Themen, die auf die eine oder andere Weise mit der Evolutionstheorie zu tun haben. Diese Fragen – und noch viele mehr – werden in diesem Buch zur Sprache kommen.

Die Evolutionstheorie

Die drei Zutaten der Evolutionstheorie –
Warum sind Eisbären weiß? –
Eine evolutionär veränderte Fußballmannschaft

Wahrscheinlich hast du schon mal von der Evolutionstheorie gehört. Charles Darwin – ein Engländer, der im 19. Jahrhundert gelebt hat – hat sie sich ausgedacht. Du hast sicherlich schon das eine oder andere darüber gehört, zum Beispiel, dass der Mensch von einem menschenaffenähnlichen Tier abstammt, dass vor Hunderttausenden von Jahren gelebt hat. Und vielleicht kennst du ja auch Geschichten über Fossilien und das mysteriöse Aussterben der Dinosaurier. Aber über Neandertaler, Fossilien und Dinosaurier möchte ich hier gar nicht sprechen. Wir bleiben näher beim Thema.

Die Evolution hat stattgefunden und findet noch immer statt. Aber wie kommt das? Wie funktioniert die Evolution?

Die erste Zutat der Evolutionstheorie

Kaufe dir zunächst einmal zehn Rosen. Sieh sie dir genau an..., jede ist ein bisschen anders: die eine hat etwas mehr Dornen als die andere; nicht alle haben genau den gleichen Rot-Ton und so weiter. Dies ist eine sehr wichtige erste Wahrnehmung: Alle Rosen sind ein bisschen anders. Das gleiche gilt auch für andere Pflanzen und Tiere. Sieh dich mal auf einer Weide um: Keine Kuh hat dieselben Flecken! Und für Menschen gilt das Gleiche. So sieht jeder Mensch ein bisschen anders aus. Und jeder Mensch hat einen anderen Fingerabdruck. Eine erste wichtige Zutat der Evolutionstheorie haben wir damit bereits gefunden:

Alle Tiere und Pflanzen derselben Art sind ein bisschen unterschiedlich.

Die zweite Zutat der Evolutionstheorie

Wir sehen uns weiter in der Natur um: hoppelnde Kaninchen, eine blühende Heide und flatternde Spatzen – siehst du alles vor dir? Man könnte die Natur mit der Auswahl einer professionellen Fußballmannschaft vergleichen – FC Barcelona zum Beispiel. Lass mich erklären, wieso.

Die Auswahl von FC Barcelona besteht aus circa zwanzig Spielern, jeder für sich ein großes Talent – allemal Spitzenfußballer. Leider können nur elf bei einem Spiel mitmachen. Natürlich stehen die Zwanzig unter dem enormen Druck, zu den besten Elf zu gehören. Deswegen hetzen sie sich beim Training auch so ab. Ein Spieler, dem das nicht gelingt, sucht sein Heil bei einem anderen Verein und wenn es dort auch nicht klappt, hört er mit dem Profi-Fußball auf. Pech gehabt!

Hart arbeiten ist die Devise in der Auswahlmannschaft. Und auf vergleichbare Weise ist auch in der Natur die Devise _Arbeite hart_! Es werden sehr viel mehr Tiere geboren als Platz auf der Welt haben; nur ein kleiner Prozentsatz von allen Babytieren kann tatsächlich erwachsen werden. Ein Beispiel: Kaninchen bekommen ungefähr vier mal im Jahr jeweils zehn Junge; ein einziges Kaninchenpaar würde nach circa fünf Jahren ein paar Billiarden Nachkommen haben! Wenn all die Kaninchen am Leben blieben, würde es überall auf der Erde vor Kaninchen nur so wimmeln – auf jedem Quadratmeter würden rund 100 Kaninchen leben! Zum Glück ist dem nicht so und das liegt daran, dass viele Kaninchen sterben. Das Leben ist hart für Kaninchen. Überall fliegen Raubvögel herum, die es auf sie abgesehen haben. Es herrscht fortwährend

Hungersnot und mit dem Hund des Bauern ist auch nicht zu spaßen. Kaninchen müssen ständig auf der Hut sein und bis zum Äußersten gehen, um am Leben zu blieben.

Noch ein anderes Beispiel von dem hohen Druck in der Natur und wie Tiere bis zum Äußersten gehen, um zu überleben. Mitten im Südpol, mehr als hundert Kilometer vom Meer entfernt, lebt der Schneesturmvogel. In seiner direkten Lebensumgebung gibt es nur Eis und ist überhaupt nichts Essbares zu finden. Deswegen fliegt der Vogel jeden zweiten Tag die ganze, rund hundert Kilometer lange Strecke bis zum Meer, fängt dort einen Fisch, isst ihn halb auf, fliegt mit der andern Hälfte in der Kehle das ganze Stück wieder zurück und gibt sie seinem Partner zu fressen. Der Partner wiederum vollführt am nächsten Tag dasselbe Kunststück. Was aber noch viel unglaublicher ist: Im selben unwirtlichen Gebiet gibt es noch eine Vogelart, die Raubmöwe. Dieser Vogel isst die Eier des Schneesturmvogels! Es gibt also zwei Vogelarten, die von ein und demselben Fisch leben, der hundert Kilometer entfernt schwimmt.

Das Leben dieser Vögel ist hart. Man könnte glauben, das Leben sei nur für diese außergewöhnlichen Vögel so schwer, weil sie unter derart eigenartigen Bedingungen leben. Aber das stimmt nicht: Für alle Tiere und Pflanzen ist das Leben hart. Sie müssen ihr Bestes tun, um zu überleben.

Selbst wenn die Umstände leicht erscheinen, haben es Tiere schwer. Denk zum Beispiel mal an die Heuschrecken in Afrika. Heuschrecken fressen Gras und in Afrika gibt es riesige Grasflächen. Man könnte annehmen, Heuschrecken in Afrika hätten ein angenehmes Leben, weil es für sie genug zu fressen gibt.

Es gibt aber so viel zu essen, dass auch sehr viele Heuschreckenjunge überleben. Diese Heuschreckenjungen bekommen wiederum Heuschreckenjunge und davon überleben wiederum eine ganze Menge. Und wo noch ein paar Heuschrecken dazu kommen können, passen immer noch ein paar hin, und das geht so lange weiter, bis es wirklich nicht mehr geht. Auf diese Weise entstehen in Afrika Heuschreckenplagen. Heuschreckenplagen sind riesengroße Grashüpferwolken. Jede Grasfläche, die ihnen unter die Finger kommt, verputzen sie in null Komma nichts. In ihrem unstillbaren Hunger fressen Heuschreckenplagen ganze Teile Afrikas kahl. Das machen Heuschrecken wirklich nicht aus Spaß, sondern weil sie so unglaublichen Hunger haben, denn eigentlich gibt es für derart viele Heuschrecken viel zu wenig zu fressen. Obwohl es also unglaublich viel Gras zu fressen gibt, müssen sich Heuschrecken unglaublich anstrengen, um genug Essen zu bekommen. Jetzt haben wir die zweite, wichtige Zutat der Evolutionstheorie gefunden:

Alle Tiere und Pflanzen haben ein hartes Leben.

Vielleicht denkst du, dass es in unserem Land wohl nicht ganz so schlimm sein wird mit dem harten Leben in der Natur. Es sieht schließlich alles sehr friedlich aus: Spatzen hier, Kaninchen dort; von wegen harter Kampf um Leben und Tod! Aber da muss ich dich leider enttäuschen. Sehen wir uns mal wieder die Kaninchen an. In den fünfziger Jahren wurde in Holland der Flevopolder, also ein Stück Land im Meer, angelegt. Wo heute der Polder ist, mit Städten wie Almere und Lelystad, war in den fünfziger Jahren nur Wasser. Als der Flevopolder gerade mal ein Schlammhaufen war, mit hier und da einem Pflänzchen, kam, schwups, schon das erste Kaninchen in Sicht. Und das, obwohl zwischen Festland und Flevopolder eine großes Stück Wasser liegt. Wie ist das möglich? Wie ist es möglich, dass ab dem Moment, an dem Kaninchen auf dem Flevopolder leben konnten, auch Kaninchen da waren? Hat jemand die kleinen Nager absichtlich auf dem Flevopolder ausgesetzt? Wahrscheinlich nicht. Vielleicht hat jemand aus Versehen ein paar Kaninchen auf dem Polder zurückgelassen. Aber auch das ist ziemlich unwahrscheinlich: Kaninchen vergisst man nicht einfach so. Wie sind also dann die Kaninchen dorthin gekommen? Sie sind geschwommen! Flevoland liegt nur ein paar Kilometer vom Festland entfernt und solch eine Entfernung können Kaninchen gerade noch so zurücklegen.

Aber woher wussten dann die Kaninchen, dass es in Schwimmweite Land gab? Konnten sie Flevoland riechen? Vielleicht. Vermutlich aber sind sie einfach aufs Geratewohl ins Wasser gesprungen, auf gut Glück. Und das eine Mal, als sie auf Flevoland stießen, haben sie Schwein gehabt!

Höchstwahrscheinlich springen Kaninchen schon seit Jahrhunderten ab und zu auf gut Glück ins Wasser und das tun sie noch immer. Natürlich haben die Tapferen, die es wagen, fast immer Pech. Dutzende Kaninchen sind vermutlich im Laufe der Zeit auf dem Weg zum Flevopolder ertrunken, weil es ihn noch gar nicht gab. Sehr wahrscheinlich ertrinken jedes Jahr immer noch viele Kaninchen, die einfach so, irgend-

wo, ins Wasser springen. Aber ganz selten hat ein Kaninchen auch Glück und landet, wie in unserem Fall, auf Flevoland.

Was ist, um Himmels Willen, in die Kaninchen gefahren? Wie kommt ein Kaninchen darauf, den Sprung ins kalte und unbekannte Wasser zu wagen, wenn es stattdessen ein herrlich ruhiges Leben führen könnte, mit genügend Gras zum Fressen? Weil es gar kein herrlich ruhiges Leben mit genügend Gras zum Fressen führt! Nein, Kaninchen haben ein hartes Leben. Ratlos, und mit seit Tagen vor Hunger knurrendem Magen, wagt man dann schon eher einen Sprung in die Tiefe.

Mischen wir die ersten beiden Zutaten

Zwei Dinge haben wir jetzt schon festgestellt: Alle Tiere und Pflanzen von derselben Art unterscheiden sich ein bisschen, und Tiere und Pflanzen haben ein hartes Leben. Wir können diese beiden Wahrnehmungen kombinieren und dann noch einen wichtigen Schritt in Richtung Evolutionstheorie tun. Kehren wir wieder zum Schneesturmvogel von vorhin zurück – die Vögel, die so zurückgezogen auf dem Südpol leben. Wir haben gesehen, dass sich alle Pflanzen und Tiere ein bisschen unterscheiden. Schneesturmvögel auch. Es gibt Schneesturmvögel, die etwas dicker als andere sind; Schneesturmvögel, die etwas weniger Federn als andere haben; Schneesturmvögel, die etwas weiter fliegen können. Ein Schneesturmvogel, der weiter fliegen kann, kann besser für sich sorgen: Er kann auf der Suche nach Fischen ein bisschen weiter fliegen, oder er kann sich ein bisschen weiter auf das Eis zurückziehen, um der gefürchteten Raubmöve zu entkommen. Dieser kleine Unterschied kann dazu führen, dass dieser Vogel eine größere Chance hat, erwachsen zu werden: Wenn nur einige Vögel überleben können, dann auf jeden Fall die *besten* Vögel, die, die am weitesten fliegen können.

Du kannst es mit Menschen vergleichen, die ihre Kräfte beim Armdrücken messen. Zwei bärenstarke Kerle sitzen sich gegenüber. Der

Schweiß steht ihnen auf der Stirn. Unter Einsatz all ihrer Kräfte, versuchen sie den anderen zu besiegen, aber sie sind fast gleich stark und der Kampf dauert lange. Schließlich schlägt der eine die Hand des anderen mit einem lauten Knall auf den Tisch: Er hat gewonnen. Sie waren fast gleichstark, aber der eine, der ein kleines bisschen stärker war, hat den anderen schließlich besiegt. Und so ist es auch in der Natur. Der Schneesturmvogel, mit einem winzig kleinen Vorteil im Vergleich zu seinen Artgenossen, wird seine Kollegen letztendlich besiegen.

Die ersten beiden Zutaten der Evolutionstheorie (alle Pflanzen und Tiere sind ein bisschen anders, und alle Pflanzen und Tiere haben es schwer) ergeben also zusammen das Folgende:

Die Unterschiedlichkeit innerhalb einer Art, kombiniert mit der harten Konkurrenz in der Natur, sorgt dafür, dass Tiere und Pflanzen, die ein kleines bisschen besser sind als die anderen, höchstwahrscheinlich überleben werden.

Ein Eisbär, der etwas weißer ist, ein Krokodil mit etwas schärferen Zähnen und ein Kaninchen, das etwas schneller laufen kann: Wahrscheinlich werden sie am Ende überleben und die anderen nicht.

Zutat drei – die letzte Zutat

Jetzt fehlt eigentlich nur noch eine Zutat, um die Evolutionstheorie komplett zu machen, und das ist Vererbung. Wir sehen uns wieder den Schneesturmvogel an. Ein Vogel, der etwas weiter fliegen kann, hat größere Chancen erwachsen zu werden. Und wenn ein Vogel erwachsen ist, kann er Küken bekommen – dieser Vogel hat also auch größere Chancen Küken zu bekommen. Meistens ist es so, dass einige der Küken die praktische Eigenschaft der Mutter oder des Vaters ebenfalls besitzen und auch so weit fliegen können. Denn Kinder ähneln ihren Eltern, das ist so in der Natur. Bei dir ist das genauso: du ähnelst deiner Mutter und deinem Vater. Und wenn die Schneesturmvogeleltern gut fliegen können, dann können ihre Kinder das vermutlich auch. Vielleicht wird, durch eine Spielerei des Schicksals, sogar eines der Küken noch weiter als die Eltern fliegen können – ein Superküken! Dieses Superküken hat dann natürlich noch größere Überlebenschancen als seine Freunde.

Sehen wir uns einmal an, was mit dem Superküken und seinen Nachkommen auf dem Südpol passiert. Zu Anfang gibt es ein einziges Superküken. Dieses Superküken bekommt, sobald es erwachsen ist, auch ein Superküken – das ist das Prinzip der Vererbung. Jetzt leben also zwei Superküken auf dem Südpol. Diese Superküken – oder besser gesagt Superschneesturmvögel, denn sie sind ja keine Küken mehr – bekommen im Frühling wiederum jeweils noch ein Superküken. Jetzt leben also schon vier Superküken auf dem Südpol. Die haben es nicht so schwer wie normale Schneesturmvogelküken, und im knallharten Überlebenskampf gewinnen die Superküken gegenüber den normalen: die vier Superschneesturmvögel überleben. Aus vier werden acht und aus acht werden sechzehn und nach noch einigen Frühlingen leben ein paar tausend Superschneesturmvögel am Südpol. Und das, obwohl die Gesamtanzahl Schneesturmvögel nicht gestiegen ist – es gibt schließlich nur eine begrenzte Menge Futter. Die wachsende Anzahl Superküken geht auf Kosten der Anzahl normaler Küken. Nun wird es nicht mehr lange dauern, bis die Schneesturmvogelart zum größten Teil aus Superschneesturmvögeln besteht!

Die Evolutionstheorie auf den Punkt gebracht

Zu einem bestimmten Zeitpunkt wurde ein Schneesturmvogel geboren, der etwas weiter als die anderen Schneesturmvögel fliegen konnte. Dieser Vogel wurde ein Trendsetter. Und einige Generationen später konnte die gesamte Schneesturmvogelart ein Stückchen weiter fliegen. Auf diese Weise konnten die Schneesturmvögel im Laufe der Zeit stets weiter und weiter fliegen. Und was für Schneesturmvögel gilt, gilt auch für Eisbären, Mohnblumen und Menschen:

- *Innerhalb jeder Art unterscheiden sich die Individuen voneinander ein kleines bisschen.*

- *Wegen des harten Überlebenskampfs in der Natur kann selbst der kleinste Vorteil einen großen Unterschied machen und über Leben und Tod eines Tieres entscheiden.*
- *Eine Eigenschaft, die sich als vorteilhaft erweist, wird sich mithilfe der Vererbung zum größten Teil in der gesamten Art durchsetzen.*

Diese drei Aspekte zusammen sorgen dafür, dass sich die Art fortwährend in kleinen Schritten verändert. Jetzt haben wir die Evolutionstheorie, wie sie Charles Darwin erdacht hat, auf den Punkt gebracht:

Die Vielfalt innerhalb einer Art, die harte Konkurrenz in der Natur und Vererbung sorgen dafür, dass sich eine Art Schritt für Schritt verändern kann.

Warum sind Eisbären weiß?

Jetzt sehen wir uns mal ein anderes Beispiel an: Eisbären. Warum sind Eisbären weiß?

Stell dir mal eine Bärenart vor, die vor einer ganzen Weile im hohen Norden zu Hause war. Es waren braune Bären und sie lebten in der Tundra. Der harte Überlebenskampf zwang sie, überall nach Futter zu suchen; auch auf den an die Tundra grenzenden Eisflächen. Du kannst dir sicher ausmalen, dass ein brauner Bär auf dem Eis ganz schön auffällt und ein Seehund alle Zeit der Welt hat, in aller Seelenruhe ins Wasser zu springen, wenn er in der Ferne einen Bären kommen sieht – Bären fressen nämlich Seehunde.

Zufällig wurden aber auch etwas hellere Bären geboren. Hellbraune Bären fielen etwas weniger im Schnee auf und waren deswegen etwas besser imstande, auf dem Eis etwas zu Fressen zu finden. Dadurch konnten sie etwas öfter und leichter als ihre dunkleren Artgenossen überleben. Die Helleren bekamen dann auch etwas mehr Junge. Diese

Kinder waren ebenfalls ein bisschen hellbraun – diese Eigenschaft hatten sie von ihren Eltern geerbt.

Manchmal wurde sogar ein Bärenbaby geboren, das noch heller als seine Eltern war. Das fiel natürlich im Schnee noch weniger auf und hatte noch größere Überlebenschancen. Das ging die ganze Zeit so weiter: Der hellste Bär, der geboren wurde, hatte die besten Karten und die größte Chance, sich fortzupflanzen. Und so kommt es, dass diese Bärenart Schritt für Schritt heller und heller geworden ist. Und das Resultat ist der heutige, schneeweiße Eisbär.

Genauso haben sich die anderen praktischen Eigenschaften des Eisbären entwickelt: das dicke Fell, die Schwimmhäute zwischen den Zehen und die behaarten Fußsohlen. Das ist alles von selbst gekommen, ohne dass jemand vorher darüber nachgedacht hat, dass es für Eisbären praktisch sein könnte. Ab und an wirst du vielleicht dazu neigen zu glauben, der weiße, dicke Pelz sei speziell für Eisbären entworfen worden: Schließlich passt er so gut zu Eisbären und alles ergibt so wunderbar viel Sinn. Aber dieser Gedankengang ist wirklich falsch: Das dicke Fell des Eisbären ist von ganz allein entstanden, durch den *dummen* Evolutionsprozess.

Man hört schon mal, der Eisbär habe sich an seine Umgebung angepasst. Aber denk immer daran: Es gibt keinen einzigen Eisbären, der sich angepasst hat! Jeder einzelne Eisbär ist in seinem Leben gleich geblieben; die Eisbärenart als Ganzes hat sich angepasst. Die Anpassung der Eisbärenart und die Anpassung von, sagen wir mal, einem Auto an die Wünsche der Kunden, sind zwei vollkommen verschiedene Prozesse. Bei Letzterem ist das Endziel bekannt und kann man einfache Schritte unternehmen, um diesem Ziel näher zu kommen: Spoiler anbringen, breitere Reifen aufziehen und so weiter, bis man Stück für Stück die sportlichere Ausführung verwirklicht hat, die der Kunde gerne haben möchte. Aber beim Evolutionsprozess, wie er sich in der Natur abspielt,

24

ist von vornherein kein Endresultat bekannt und werden keine gezielten Schritte unternommen. Alle Schritte sind die Folge der drei Zutaten, die wir bereits kennen gelernt haben.

Aber warum sind denn nun Eisbären weiß? Im vorigen Kapitel haben wir kurz über die Bedeutung des Wortes *Warum* gesprochen. Warum ist ein Feuerwehrauto rot? Ein Feuerwehrauto ist rot, weil es so entworfen wurde: Zuerst hat jemand darüber nachgedacht und dann beschlossen, dass Feuerwehrautos rot sein müssen und danach wurden sie alle in dieser Farbe gespritzt. Mit der Farbe des Himmels war es anders: da gibt es keinen Grund, warum der Himmel blau ist. Der Himmel ist zufälligerweise blau, er hätte genauso gut grün oder gelb sein können.

Eisbären befinden sich irgendwo zwischen Himmel und Feuerwehrauto. Niemand hat sich im Voraus überlegt, dass Eisbären weiß sein müssen. Aber reiner Zufall ist es wiederum auch nicht. Eisbären sind durch Zufall weiß geworden. Und Eisbären sind weiß geblieben, weil sich das als praktisch erwiesen hat.

Eine evolutionär veränderte Fußballmeisterschaft

Noch ein Beispiel. Diesmal nicht aus der Biologie, sondern aus der Welt des Fußballs. Stell dir einmal vor, es würde eine Fußballeuropameisterschaft mit dreißig Mannschaften aus verschiedenen europäischen Ländern stattfinden. Die Meisterschaft ist so organisiert, dass der Verlierer vom letzten Jahr nicht mehr mitspielen darf und der Gewinner einen Verein auswählt, der anstelle des Verlierers antritt. Die Meisterschaft ist beliebt: Es wird gut gespielt, und in jeder Saison macht ein neues Team mit und scheidet ein anderes aus.

Eines schönen Tages fragt der brasilianische Fußballbund, ob auch brasilianische Mannschaften bei der Meisterschaft mitspielen dürfen. Ein Dilemma für den europäischen Fußballbund: Brasilianer können gut Fußball spielen und wären eine Bereicherung für die Meisterschaft, aber

Brasilien liegt nicht in Europa. Dennoch nimmt der Fußballbund den Vorschlag an: Die Brasilianer dürfen ein Team zur Europameisterschaft schicken.

Prompt wird die brasilianische Mannschaft Meister. Kein Wunder: Sie können wirklich wahnsinnig gut Fußball spielen. Jetzt dürfen die Brasilianer eine neue Mannschaft wählen, die nächstes Jahr mitmachen darf, und die Brasilianer entscheiden sich für noch eine brasilianische Mannschaft; das gefällt ihnen nämlich. Du ahnst es schon: Dieses Team wird im nächsten Jahr Meister – tja, Brasilianer können tatsächlich sehr gut Fußball spielen. Nun gut, auch diese Mannschaft wählt ein brasilianisches Team, um bei der europäischen Meisterschaft mitzuspielen. Jetzt sind schon drei brasilianische Mannschaften bei der europäischen Meisterschaft dabei! In den nächsten Jahren gewinnen jedes mal die Brasilianer und die Europäer werden langsam von brasilianischen Mannschaften ersetzt. Was als Europameisterschaft angefangen hatte, endet als »Brasilianer unter sich«. Und das alles wegen der einen brasilianischen Mannschaft, die man damals zugelassen hatte.
Genau dieselben drei Zutaten, die wir bereits kennen gelernt haben, gelten auch für die Fußballmeisterschaft. Alle Mannschaften spielen ein bisschen anders – es machen gute und schlechte Teams mit. Es gibt einen harten Kampf unter den Mannschaften, das ist schließlich der Sinn einer Meisterschaft. Auch eine Art Vererbung gibt es: Diese merkwürdige Vorliebe der brasilianischen Gewinner, sich für ein weiteres brasilianisches Team zu entscheiden. Und diese drei Zutaten haben dafür gesorgt, dass eine Evolution stattfinden konnte. Die Evolution von einer Europameisterschaft zu »Brasilianer unter sich«.

Drei Zutaten, die jeder um sich herum sehen kann, sorgen zusammen dafür, dass es Evolution gibt. Diese einfachen Zutaten sind dafür verantwortlich, dass sich eine Pflanzen- oder Tierart (oder Fußballmeisterschaft) Schritt für Schritt, im Laufe der Zeit, verändern kann. Und alle Tiere und Pflanzen sind durch den Evolutionsprozess heute so, wie sie sind.

Kurzum

Die Evolutionstheorie auf den Punkt gebracht lautet wie folgt: Die Vielfalt innerhalb einer Art, der harte Konkurrenzkampf in der Natur und Vererbung sorgen dafür, dass sich eine Art Schritt für Schritt verändert.

Eisbären sind weiß, weil sie dann im Schnee weniger auffallen – obwohl sich niemand vorher darüber Gedanken gemacht hat, dass ein Eisbär weiß sein muss, wenn er im Schnee nicht auffallen soll.

Auf die Frage: »Warum bleibt der Eisbär weiß?« kann man eine viel sinnvollere Antwort geben als auf die Frage »Warum ist der Eisbär weiß?«: Der Eisbär ist zufällig weiß geworden und er ist weiß geblieben, weil sich das als besonders praktisch erwiesen hat.

Ein Individuum kann ein Trendsetter sein und das Aussehen einer ganzen Art verändern.

Arten

*American Football und Rugby – Was ist eigentlich
eine Art? – So erfindest du deine eigene Kaninchenart*

Die Evolutionstheorie zeigt, wie man mit drei einfachen Zutaten dafür
sorgen kann, dass sich Pflanzen- und Tierarten langsam und schrittweise
verändern. Aber kleine Schritte ergeben zusammen große Schritte. So
können Pflanzen- und Tierarten allmählich drastische Veränderungen
erleben. Diese Veränderungen können schließlich sogar dazu führen,
dass sich eine Pflanzen- oder Tierart in zwei vollkommen unterschiedliche Arten aufteilt.

Nehmen wir zum Beispiel wieder den Eisbären. Vor langer, langer,
langer Zeit gab es noch keinen Unterschied zwischen Eis- und Braunbären; auf Erden trottete nur eine einzige Bärenart herum – diese Bären
waren natürlich keine Eisbären und auch keine Braunbären, aber immerhin Tiere, die wir heute als »bärenähnlich« bezeichnen würden. Aus
dieser einen Bärenart sind Braunbären und Eisbären entstanden. Wie so
etwas funktioniert, können wir wieder anhand eines Beispiels aus dem
Sport sehen.

American Football und Rugby

Wie können aus einer einzigen Tierart auf einmal zwei Tierarten entstehen? Man könnte es mit der Geschichte des American Football und
des Rugby vergleichen. Bei beiden Sportarten geht es so ungefähr um
dasselbe: Man muss versuchen, den Ball hinter die Linie des Gegners zu

bekommen. Man rennt mit dem Ball in der Hand nach vorne, und die Gegenspieler versuchen auf allerlei Weise, einen daran zu hindern.

American Football gab es am Ende des 19. Jahrhunderts noch nicht. Zu der Zeit gab es nur Rugby: Auch in Amerika spielte man Rugby. Außerdem wurde es noch in Europa und Australien gespielt. In Amerika nahm man zu einer bestimmten Zeit kleine Veränderungen an den Spielregeln vor, die in den anderen Ländern nicht übernommen wurden. Der American Football war geboren.

In den Anfangsjahren des American Footballs unterschied sich diese Sportart noch nicht so sehr vom Rugby; Sportjournalisten verwechselten beide Sportarten ständig. Aber nach und nach änderte sich immer mehr; das Spielfeld des American Footballs bekam eine etwas andere Größe, die Teams wurden aufgestockt.

Wenn du heutzutage ein Rugbyspiel mit einem American-Football-Spiel vergleichst, dann wirst du einen himmelweiten Unterschied feststellen. Rugbyspieler tragen gewöhnliche Sportsachen, die sich kaum von Fußball- oder Hockeykleidung unterscheiden. American Football-Spieler dagegen sehen wie eine Art römische Gladiatoren aus, mit gigantischen Schulterpolstern und einer Art Motorradhelm. Rugby dauert zweimal eine Dreiviertelstunde, und der Ball ist fast die ganze Zeit im Spiel. American Football dagegen wird alle paar Minuten unterbrochen; die Spieler werden ausgetauscht und es passiert eine ganze Menge, obwohl der Ball still am Boden liegt. Dann kommt wieder ein kurzer Spielmoment mit dem Ball – manchmal nur ein paar Sekunden – und hopp: wieder eine Spielunterbrechung.

Innerhalb der letzten hundert Jahre haben sich Rugby und American Football so weit auseinander entwickelt, dass man beide Spielarten kaum noch vergleichen kann. Was als eine Sportart angefangen hatte, hat sich schließlich in zwei vollkommen unterschiedliche Sportarten entwickelt. Und auf dieselbe Art und Weise kann sich eine Tier- oder Pflanzenart in mehrere – sehr unterschiedliche – Arten spalten.

Gehen wir noch einmal zu der Geschichte der Eisbären aus dem letzten Kapitel zurück. Wir haben gesehen, dass der Eisbär Schritt für Schritt weißer und weißer und weißer geworden ist. Es hat mit einem einzelnen Bären angefangen, der zufälligerweise ein bisschen heller war, als seine Artgenossen. Dadurch war dieser Bär besser imstande, im Schnee zu jagen. Na ja, es gab natürlich immer noch den normalen, dunkelbraunen Bären – der nicht so gut im Schnee jagen konnte. Du kannst dir sicher denken, dass die dunkelbraunen Bären ihr Heil in den Wäldern gesucht haben und die hellbraunen Richtung Eis gezogen sind. Auf diese Weise sind zwei Bärengruppen entstanden: die dunkelbraune und die hellbraune. Beide Gruppen gehörten noch zur selben Art. Aber beide Gruppen begegneten sich nicht mehr – schließlich wachsen auf Eis keine Bäume! Und langsam haben sich beide Gruppen voneinander entfernt, genauso wie sich Rugby und American Football voneinander entfernt haben; Schritt für Schritt. Das Ergebnis sind zwei verschiedene Tierarten: der Braunbär und der Eisbär. Auf diese Weise also entstehen verschiedene Arten. (Eigentlich gibt es noch mehr Arten: Grizzlybären, Honigbären, Kragenbären und Nasenbären, aber die werfe ich hier der Einfachheit halber alle in einen Topf mit dem Braunbären, weil sie tatsächlich allesamt braun sind.)

Was ist eigentlich eine Art?

Bei der ganzen Geschichte habe ich bisher vollkommen außer Acht gelassen, was eine Art eigentlich genau ist. Was ist eine Pflanzenart und was ist eine Tierart? Eisbären sind eine Tierart. Waschbären sind auch eine Tierart. Aber Waschbären und Eisbären gehören nicht zur selben Tierart. Wie geht das? Es sind unterschiedliche Arten, weil sie keine Kinder miteinander bekommen können. Davon mal abgesehen, begegnen sich Waschbären und Eisbären sowieso nie – außer im Zoo – und haben keine Gelegenheit für Sex. Ein Waschbär kann von einem Eisbären keine

Kinder bekommen und umgekehrt; noch nicht mal, wenn du sie in einen gemeinsamen Käfig stecken würdest und sie dazu bringen könntest, Sex miteinander zu haben. Deswegen gehören Waschbären und Eisbären zu unterschiedlichen Arten. Und deswegen gehören alle Menschen zur selben Art: Alle Frauen und Männer können, zumindest wenn sie fruchtbar sind, miteinander Kinder haben.

Eigentlich ist die Einteilung in Arten ein Frage des Geschmacks. Arten ändern sich fortwährend, sie verschwinden oder spalten sich in mehrere Arten auf. Gehören Pekinesen und Bernhardiner zur selben Art? Es scheint so – beide sind Hunde. Obwohl ich noch nie von einem Hundezüchter gehört habe, der beide Rassen gekreuzt hat. Und aus Mitleid mit

den lieben, kleinen Pekinesendamen, will ich auch gerne ohne weiteres glauben, dass Pekinesen mit Bernhardinern Kinder bekommen können und andersherum (nicht auszudenken, wenn so ein riesiger Bernhardiner mit so einem kleinen Pekinesenweibchen…).

Aber wer würde auch schon behaupten wollen, dass Pekinesen in zehntausend Jahren noch immer Kinder mit Bernhardinern bekommen können? Niemand! Es ist gut möglich, dass beide Hunde in Zukunft zu unterschiedlichen Arten gehören. Oder noch weiter gedacht, es kann gut sein, dass unsere heutigen Pekinesen zu den ersten Pekinesen einer neuen Art gehören, die sich von den Hunden abspalten wird. Nur weiß man das jetzt noch nicht. In ein paar tausend Jahren werden Biologen vielleicht sagen können, dass Pekinesen und Bernhardiner um das Jahr 2000 noch zur selben Art gehörten und dass vermutlich in dieser Zeit, irgendwo in Westeuropa, die neuen Pekinesen entstanden sind. Wer kann das schon sagen? Sollten die Biologen der Zukunft dies in der Tat einmal behaupten, dann würde das bedeuten, dass mein Pekinese und der Bernhardiner um die Ecke schon jetzt zu unterschiedlichen Arten gehören. Ohne dass das irgend jemand weiß – oder wissen kann. Diese Ungenauigkeit kommt vor allem durch die Definition des Begriffs »Art«. Na ja, damit werden wir leben müssen, und manchmal ist der Begriff sehr nützlich, weil er uns hilft, die Welt um uns herum zu verstehen.

So erfindest du deine eigene Kaninchenart

Wir haben gesehen, wie unterschiedliche Arten in der Natur entstehen. Aber du könntest dir auch selbst, auf sehr einfache Weise, eine eigene Tierart machen. Komm, lass uns eine neue Kaninchensorte erfinden! Dazu musst du dir erst einmal ein paar Kaninchen in einer Zoohandlung kaufen. Sagen wir zehn Stück. Du musst darauf achten, sowohl Weibchen als auch Männchen zu kaufen. Dann suchst du dir auf der Weltkarte eine Insel im Stillen Ozean, die sehr weit von anderen Inseln entfernt liegt. Du bringst deine zehn Kaninchen auf die Insel und prüfst, ob die Umstände für Kaninchen gut sind: Wächst ein bisschen Grün auf dem Boden (Gras oder etwas ähnliches), kann man im Boden gut Höhlen graben? Und so weiter. Eben was Kaninchen so brauchen. Wenn alles okay ist – pass auf, dass es nicht vor Raubvögeln nur so wimmelt – dann lässt du die Kaninchen frei. Und das einzige, was du jetzt noch tun musst, ist hunderttausend Jahre warten!

Ich gebe dir Brief und Siegel darauf, dass sich deine Kaninchen auf der Insel im Stillen Ozean in den hunderttausend Jahren anders entwickeln werden als die Kaninchen auf dem europäischen Festland. Vielleicht haben die Insel-Kaninchen nach hunderttausend Jahren viel kräftigere Vorderpfoten, weil der Boden dort viel härter ist und es deswegen schwieriger ist, Höhlen zu graben. Vielleicht haben sie aber auch viel kürzere Vorderpfoten und dickere Körper, weil sie, da es kaum Raubvögel, Füchse oder andere Feinde gibt, kaum noch rennen müssen.

Wie die Kaninchen aussehen werden, ist noch die Frage, aber es ist beinah sicher, dass sich die Kaninchensorte, die aus deinen zehn Kaninchen entstanden ist, sehr von ihren Artgenossen in der restlichen Welt unterscheiden wird. Vielleicht sogar so viel, dass man von einer eigenen Art sprechen kann.

Nehmen wir nun mal an, der Boden auf der Insel ist härter, als es Kaninchen normalerweise gewohnt sind. Und nehmen wir nun mal weiter an, die Kaninchensorte auf der Insel hat im Laufe der Zeit kräftigere Vorderpfoten bekommen. Inzwischen weißt du schon, wie es dazu gekommen ist. Du weißt auch, dass es nicht daran liegt, dass jemand gedacht hat, kräftigere Vorderpfoten seien für Kaninchen nützlich. Und inzwischen weißt du auch, dass es nicht dadurch gekommen ist, weil der härtere Boden dafür gesorgt hat, dass Kaninchen mit kräftigeren Vorderpfoten geboren wurden. Nein, es funktioniert anders: Es wurden unterschiedliche Kaninchen geboren – rein zufällig. Kaninchen mit langen Ohren und Kaninchen mit kurzen Ohren, Kaninchen mit kräftigen Vorderpfoten und Kaninchen mit schwachen Vorderpfoten, und so weiter. Nun hat sich gezeigt, dass Kaninchen mit kräftigen Vorderpfoten auf der Insel im Vorteil waren. Und als Folge davon wimmelte es dort nach einiger Zeit von Kaninchen mit kräftigen Vorderpfoten.

Um eine eigene Kaninchenart zu schaffen, brauchst du natürlich nicht auf eine Insel zu fahren. Du kannst deine zehn Kaninchen auch einfach in einen Stall stecken. Du willst gerne eine Kaninchenart mit superlangen Ohren. Das machst du wie folgt: Du sorgst dafür, dass das Weibchen mit den längsten Ohren Sex mit dem Männchen mit den längsten Ohren hat. Dieses Paar bekommt einen Wurf Kaninchenkinder. Bei diesen Kindern verwöhnst du diejenigen mit den längsten Ohren am meisten: Du gibst ihnen mehr zu essen, du streichelst sie am häufigsten. Wenn die Kinder erwachsen werden, wiederholst du diese Prozedur: Du wählst das Weibchen mit den längsten Ohren und das Männchen mit den längsten Ohren aus und steckst sie in einer schwülen Sommernacht, bei Kerzenschein, in einen Stall. So machst du weiter und hältst eine

Weile durch – du brauchst keine hunderttausend Jahre zu warten, versprochen – und das Ergebnis wird höchstwahrscheinlich eine komplett neue Kaninchensorte, mit unglaublich langen Ohren, sein. Das ist nichts anderes als Kaninchenzüchten – und dies geschieht schon seit Menschengedenken. Durch langanhaltendes Züchten sind zum Beispiel verschiedene zahme Kaninchensorten entstanden. Und natürlich andere Haustiere, wie Hunde, Pferde und Kühe.

Das Züchten von Kaninchen unterscheidet sich kaum von dem Experiment auf der Insel. Der einzige Unterschied ist der, dass du beim Züchten alles selber tun musst: füttern, Weibchen und Männchen auswählen. Wenn du die Kaninchen auf eine Insel bringst, macht die Insel das alles für dich. Die Insel sorgt für Futter und die Lebensumstände wählen die Kaninchen aus: Nur die Kaninchen, die den Umständen trotzen können, werden erwachsen und bekommen Kinder. Eigentlich kann man die Insel mit einer Zuchtmaschine vergleichen. Das Unpraktische an dieser Art von Zuchtmaschine ist jedoch, dass du nicht weißt, was das Zuchtergebnis sein wird: lange Ohren, kurze Ohren, kräftige Vorderpfoten, schwache Vorderpfoten? Das kann man nur raten.

Kurzum

Zwei Tier- oder Pflanzengruppen derselben Art, die an verschiedenen Orten leben, können sich auseinander entwickeln und schließlich zu zwei unterschiedlichen Arten werden.

Man weiß nicht genau, ob ein Pekinese derselben Art angehört wie der Bernhardiner um die Ecke.

Es ist gar nicht so schwierig, eine eigene Tierart zu machen.

Gene

*Was sind Gene? – Die Auswirkung von Vererbung –
Eine Erklärung für die Vielfalt innerhalb einer Art*

Die Evolutionstheorie auf den Punkt gebracht, würde lauten: Die Vielfalt innerhalb einer Art, die starke Konkurrenz in der Natur und die Vererbung sorgen dafür, dass sich eine Art Schritt für Schritt verändern kann.

Auf zwei Punkte möchte ich kurz noch eingehen: Erstens: Weshalb gibt es Variationen innerhalb einer Art, wo kommen die her? Und zweitens: Wie sieht es mit der Vererbung von Eigenschaften aus, wie funktioniert so etwas? Charles Darwin – der hat sich die Evolutionstheorie ausgedacht – hat sich vermutlich genau dasselbe gefragt. Wenn er das getan hat, dann hat er keine Antwort finden können, denn zu seiner Zeit wusste man noch nichts von Genen, Chromosomen und DNA.

Was sind Gene?

Gene, Chromosomen und DNA sind drei Begriffe für ungefähr ein und dasselbe. Der Einfachheit halber bleibe ich bei dem Wort *Gene* (das ist die Mehrzahl von *Gen*). Jedes Tier – in diesem Kapitel geht es ausschließlich um Tiere, aber für Pflanzen gilt dasselbe – besteht aus einer Menge Zellen. In jeder Zelle stecken Gene. Jedes Tier entsteht aus einer einzigen Zelle. Eines der deutlichsten Beispiele für so eine einzelne Zelle, aus der ein ganzes Tier wächst, ist das Hühnerei. Es ist eine einzige – wenn auch ungewöhnlich große! – Zelle, aus der, jedenfalls wenn das Ei befruchtet wird, nach ein paar Wochen ein Küken schlüpft. Aber auch jedes andere Tier beginnt mit einer einzigen Zelle : Säugetiere sind zu Anfang eine Zelle in der Gebärmutter eines Weibchens, Fische schwimmen als Einzeller einfach im Wasser herum und Insekten legen ihre Eier an die unterschiedlichsten Stellen – vom gemütlichen, warmen Spinnennetz bis hin zu den Zehenzwischenräumen beim Menschen, die nichtsahnend barfuss durch den Sumpf laufen. In dieser einen Zelle stecken Gene, und diese Gene sind wie eine Bauanleitung, die beschreibt, wie das Tier aufgebaut ist.

Die erste Zelle teilt sich und wird zu zwei Zellen, die sich wiederum zu vier Zellen teilen und so weiter. Bei jeder Teilung werden die Gene kopiert und an die neuen Zellen weitergegeben. In allen Zellen einer

Pflanze oder eines Tieres sind also genau dieselben Gene – es sind ja auch alles Kopien der ersten Zelle. Aber es gibt sehr wohl Unterschiede zwischen den Genen unterschiedlicher Individuen: Alle Gene in meinem Körper sind gleich, aber meine Gene unterscheiden sich trotzdem von deinen.

Gene kann man also mit einer Bauanleitung oder einem Rezept vergleichen, in dem steht, wie ein Tier oder eine Pflanze gemacht wird. So eine Bauanleitung ist sehr, sehr lang; in deutsch geschrieben wäre sie ein ganz schön dicker Wälzer. Ein Buch, das beschreibt, was für ein Tier es ist. Natürlich ist die Bauanleitung nicht auf deutsch geschrieben, aber tun wir mal einfach so, als ob. Solch ein dickes Buch ist wegen der

Details in der Bauanleitung notwendig. Dort steht nämlich nicht: Tier, vier Pfoten, graue Haut, große Ohren, langer Rüssel, zwei Stoßzähne. Das wäre eine ziemlich unpraktische Bauanleitung: Man könnte sich unendlich viele verschiedene Tiere ausdenken, mit vier Pfoten, grauer Haut, großen Ohren, einem langen Rüssel und zwei Stoßzähnen, die alle kein Elefant sind.

Dort steht viel genauer beschrieben, wie das Tier aufgebaut sein soll. In den Genen ist ganz genau festgelegt, wie lang die Stoßzähne sein sollen, was für eine Form sie haben, wo sie sich befinden und so weiter. Die Gene sind so genau, dass aus Elefantengenen immer Elefanten entstehen. Man könnte sie zum Beispiel mit einer Bauanleitung für eine Boeing 747 vergleichen; Hunderte von Seiten voll technischer Details, die genau beschreiben, wie eine Boeing aufgebaut ist.

Vererbung

Wir wissen jetzt so ungefähr, was Gene sind – deine Gene sind ein Handbuch, in dem steht, wie du aufgebaut bist. Aber woher hast du die Gene? Die hast du von deinen Eltern bekommen: Die Gene in deiner allerersten Zelle kommen zu ungefähr einer Hälfte von deinem Vater und zur anderen Hälfte von deiner Mutter. Deine Betriebsanleitung ist eine Kombination aus den Anleitungen deiner beiden Eltern. Die Betriebsanleitungen deiner Eltern sind ein bisschen unterschiedlich. Die Anleitung deines Vaters sagt vielleicht *blaue Augen*, während die deiner Mutter *braune Augen* sagt. Und vielleicht steht in der einen *glatte Haare* und in der anderen *Locken*. Wenn man beide Anleitungen mischt, bekommt man deine. Und so kann es kommen, dass du die blauen Augen deines Vaters geerbt hast und die Locken deiner Mutter.

Was für dich gilt, gilt auch für die meisten Pflanzen und Tiere: Die Gene einer Pflanze oder eines Tieres sind eine Kombination aus den

Genen ihrer Eltern. Wir wissen mehr, als Darwin wusste: Wir wissen, wie Eigenschaften an eine folgende Generation weitergegeben werden, also wie Vererbung funktioniert. Wir müssen nicht rätseln, wie es kommt, dass Kinder ihren Eltern ähneln.

Unterschiede und Formenvielfalt

Das nächste Thema diese Kapitels ist die Frage, wie es kommt, dass eine solche Vielfalt innerhalb einer Art bestehen kann. Wir haben gesehen, dass Gene immer wieder kopiert werden. Und bei diesem Kopieren kann auch mal etwas schief gehen: Dann ist die Kopie keine echte Kopie mehr, sondern eine etwas andere Variante des Originals. Oft macht das gar nichts aus. Stell dir mal eine deutsche Bauanleitung für eine Boeing 747 vor: ein dickes Buch, in dem ganz genau steht, wie das Flugzeug gebaut werden soll. Wenn man hier und da ein Wort verändert, wird das wenig ausmachen: Das Buch wird eine Bauanleitung für eine Boeing 747 bleiben, und nicht auf einmal, sagen wir mal, ein Telefonbuch sein. Ganz selten kann so eine zufällige Veränderung tatsächlich von Bedeutung sein. Solch eine zufällige Änderung der Bauanleitung kann zu einer kleinen Veränderung der Boeing führen – zum Beispiel, dass die Flügel einen Zentimeter länger sind.

Bei Genen ist es genau dasselbe: Kopierfehler führen zu Unterschieden zwischen den Genen. Minimale Unterscheide bei Genen führen zu einer großen Vielfalt innerhalb einer Art. Kleine genetische Unterschiede sorgen zum Beispiel dafür, dass alle Menschen ein klein bisschen anders sind – kleiner, größer, dünner, dicker, dunkler, heller.

Wozu brauchen wir all diese Erkenntnisse? Um die Evolutionstheorie besser verstehen zu können. Die Evolutionstheorie sagt, dass erstens die Unterschiede innerhalb einer Art, zweitens die harte Konkurrenz in der Natur, und drittens Vererbung dafür sorgen, dass sich eine Art Schritt für

Schritt verändern kann. Wir haben nun gesehen, wie Gene (oder Chromosomen oder DNA) für Vererbung sorgen, und wir haben auch gesehen, auf welche Weise dieselben Gene für die Vielfalt innerhalb einer Art verantwortlich sind.

Kurzum

Deine Gene kann man mit einer sehr ausführlichen Bauanleitung vergleichen. Titel: »Wie baue ich einen Menschen«.

Wegen Tipp- und Kopierfehlern in der Bauanleitung unterscheiden sich alle Menschen ein bisschen voneinander.

Deine Bauanleitung kommt zur Hälfte von deiner Mutter und zur anderen Hälfte von deinem Vater.

Die Geschichte der Evolution

*Vom Fisch zum Mensch – Vom Einzeller zum Fisch –
Vom Nichts zum Einzeller – Was ist Leben? –
Wir lesen im Kaffeesatz*

Wir haben gesehen, wie die Evolution funktioniert und wie die Entwicklung von Tieren und Menschen vor sich geht. Und wir wissen jetzt, wie es passieren konnte, dass vor Millionen Jahren Säbelzahntiger lebten und heute nur noch Katzen. Aber wie konnten Säbelzahntiger damals entstehen, wann hat das alles angefangen?

Vom Fisch zum Mensch

Die Grundzüge der Evolution kennst du vermutlich schon: Vor langer Zeit (so circa 500 Millionen Jahren) gab es nur Fische, die im Meer lebten. Landtiere gab es noch nicht. Schritt für Schritt haben einige Fische durch den Prozess der Evolution, das Wasser verlassen: Fische, die in flachem Wasser schwimmen, wurden zu Fischen, die im Schlamm schwimmen, und diese wurden zu Fischen, die auf nassem Boden leben. So sind Amphibien und Reptilien entstanden. Amphibien sind eigentlich halbe Land- und halbe Wassertiere – Schildkröten, Schlangen und Echsen sind Reptilien.

Einige der halben Wassertiere haben sich schließlich ganz langsam, nach und nach zu Säugetieren und Vögeln entwickelt. Es ist sicher nicht ganz plötzlich ein Spatz aus einem Echsenei geschlüpft! Vielleicht fing ja alles mit einer Echse an, die von einem Baum zum Boden segeln konnte.

Aus einer anderen Gruppe – den Säugetieren – ist schließlich vor

45

circa 5 Millionen Jahren der Mensch entstanden. Man kann nicht genau sagen, wann sich der Mensch entwickelt hat – das ginge selbst dann nicht, wenn man mit einer Zeitmaschine in die Vergangenheit reisen könnte, um sich die Sache dort ganz genau anzuschauen. Man kann einfach nicht definieren, wer genau der erste Mensch gewesen ist. Ist es der, der vor zwei Millionen Jahren das Feuer erfunden hat? Oder doch der, der ein paar hunderttausend Jahre später die ersten Sätze mit mehr als fünf Wörtern gesprochen hat? Man weiß es nicht. Und so wichtig ist es auch nicht, denn wir wissen, dass es jetzt Menschen gibt und wir wissen auch, dass es vor 5 Millionen Jahren noch keine wirklichen Menschen gab (allerdings schon menschenähnliche Lebewesen). Irgendwann in der Zwischenzeit muss der Mensch also nach und nach entstanden sein.

Wir haben schon ein ganzes Stück der Evolution erfasst – von der Zeit, als es nur Fische gab, bis heute. Aber bevor die Fische lebten, lebte natürlich auch schon etwas: kleine Wassertierchen, winzig kleine Wassertierchen. Mit der Evolution im Hinterkopf kannst du jetzt gut verstehen, wie sich diese kleinen Wassertierchen, von denen es vor ungefähr einer Milliarde Jahren im Meer nur so wimmelte, durch eine ganze Serie von kleinen Schritten mit Hilfe der Evolution, zu echten Fischen entwickelten.

Vom Einzeller zum Fisch

Inzwischen können wir verstehen, wie sich sehr kleine Meerestiere, die vor einer Milliarde Jahren lebten, durch die Evolution zu Fischen entwickelt haben, wie sich einige Fische zu Landtieren entwickelten, und wie Landtiere unter anderem zu Menschen geworden sind.

Aber wir wissen noch immer nicht, wie alles anfing. Es scheint beinahe ein bisschen so, als ob wir dieses Problem vor uns her schieben würden: Wie sieht es denn nun mit den kleinen Meerestierchen aus, wie sind die entstanden? Das hat die Evolutionstheorie noch nicht geklärt, aber wir sehen uns das jetzt einmal an.

Lange bevor die Meerestierchen lebten, gab es noch kleinere Wesen: Einzeller. Einzeller sind – das Wort sagt es bereits – Tiere oder Pflanzen, die aus einer einzigen Zelle bestehen. Eine Zelle ist ein sehr kleiner Teil eines Tieres oder einer Pflanze, der etwas sehr einfaches macht: eine Haarzelle kann ein Haar bilden, eine Muskelzelle kann sich zusammenziehen und eine Blutzelle kann ein bisschen Sauerstoff aufnehmen. Unser Körper besteht aus Milliarden Zellen, trotzdem kann eine einzelne Zelle eine ganze Pflanze oder ein Tier sein – in dem Fall spricht man von einem Einzeller. Vor ungefähr einer Milliarde Jahren gab es nur Einzeller und ein paar Millionen Jahre später lebten Tierchen, die aus mehreren Zellen bestanden. Das scheint eine Revolution innerhalb der Evolution zu sein!

Vor vielen Hundert Millionen Jahren haben sich einzelne Einzeller zu größeren mehrzelligen Haufen zusammengeschlossen. Auch wenn die Einzeller alleine prima bestehen konnten, schien es doch manchmal praktischer zu sein, gemeinsame Sache zu machen und eine enge Zusammenarbeit einzugehen. Diese Entwicklung geschah auf die typische Weise, die wir bereits von der Evolution kennen: Es gab Zellen, die sich zufälligerweise nicht zusammenschlossen und es gab Zellen, die das zufälligerweise taten. In einigen Fällen schien der Zusammenschluss besser zu funktionieren und in diesen Fällen blieben die Zellen-Gemeinschaften bestehen.

Das Zusammenschließen geschah sowohl zwischen identischen als auch zwischen unterschiedlichen Zellen. Du kannst dir sicher vorstellen, dass zum Beispiel Einzeller, die Sauerstoff brauchten, gut mit Einzellern zusammenarbeiten konnten, die ausgerechnet diesen loswerden mussten. Letztendlich haben sich diese einzelligen Arbeitsverbände in der Evolution zu kleinen, mehrzelligen Meerestierchen weiterentwickelt. Übrigens wimmelt es noch immer von Einzellern. Das wusstest du vielleicht noch nicht, weil man sie so schlecht sehen kann. Aber es gibt wirklich eine unheimliche Menge von ihnen, und sehr viele unterschiedliche Arten. Wieso haben sich Einzeller überhaupt zusammengeschlossen? Eine schwierige Frage. Zuerst einmal haben sich Zellen nicht aus einem bestimmten Grund zusammengeschlossen. Sie haben zufällig, irgendwann einmal, damit angefangen. Zellen, die sich zusammenschließen und dadurch einen Vorteil haben, können einfacher überleben und bekommen deswegen mehr Kinder – das sagt die Evolutionstheorie. Solche erfolgreichen Zellen sind Trendsetter. Der Trend, den diese Zellen gesetzt haben, lautet: zusammenschließen.

Vom Nichts zum Einzeller

Wir sind dem Anfang wieder ein bisschen näher gekommen. Diese Schritte kennen wir jetzt schon (rückwärts in der Zeit): vom Säugetier zum Reptil, zur Amphibie, zum Fisch, zum Meerestierchen. Und jetzt verstehen wir auch, wie die kleinen Meerestierchen entstanden sind: Diese Tierchen sind Arbeitsverbände von einzelligen Organismen. Übrigens bestehen solche Arbeitsverbände auch heute noch: Ein Schwamm ist eine große Gruppe von einzelligen Minischwämmchen. Ein anderes Beispiel ist eine Tiefseequalle, deren Tentakeln 30 Meter lang sind. Eigentlich ist jeder Tentakel eine eigene Qualle und all diese Quallen arbeiten zusammen und formen zusammen eine Art Riesenqualle.

Jetzt müssen wir noch einen Schritt zurück gehen – das ist dann aber auch der letzte: Wie sind denn nun Einzeller entstanden? Eigentlich ist es nicht ganz gerecht, dieser Frage nur ein Kapitel zu widmen: Der Schritt vom Nichts zum Einzeller hat Hunderte von Millionen Jahren gekostet.

Vor ungefähr vier Milliarden Jahren bestand ein Teil der Erdoberfläche vermutlich aus einer Suppe von Wasser und Molekülen, also Verbindungen aus mehreren Atomen. In dieser Suppe passierte alles Mögliche. Einige Moleküle reagierten aufeinander, andere dagegen zerteilten sich in kleinere Moleküle und so weiter. Zu einem bestimmten Zeitpunkt entstand ein Molekül mit einer witzigen Eigenschaft. Dieses Molekül konnte sich selbst kopieren. Wenn du so ein Molekül mit den richtigen Zutaten in eine Dose steckst, dann reagiert dieses Molekül auf die Zutaten, indem es sich selbst vervielfältigt. So ein Molekül ist etwas wie ein primitives Gen: eine Bauanleitung von sich selbst.

Eins kam zum Anderen. Natürlich entstanden immer mehr derartige Moleküle: Da sich diese Teile selbst kopieren konnten, wurden es sehr schnell sehr viele. Im Laufe der Zeit wurden diese Moleküle auch immer komplizierter und schlossen sich mit anderen Molekülen zusammen, die zum Beispiel einen schützenden Mantel oder etwas ähnliches bildeten. Jetzt könnte man von einem superkleinen Mini-Stückchen Leben sprechen. So klein, dass man es unter einem normalen Mikroskop nicht sehen kann. Nach ein paar Hundert Millionen Jahren entstanden echte Zellen – relativ komplizierte Arbeitsverbände von an sich leblosen Teilchen.

So ist das also vor sich gegangen, der Schritt vom Nichts zum Einzeller. Und jetzt ist die Geschichte rund. Vom Nichts zu den Vögeln, Mohnblumen, Menschen und Bakterien. Wer weiß, wo das noch enden wird.

Was ist Leben?

Die unvermeintliche Frage, die sich irgendwann aufdrängt, ist die, wann das Leben denn nun genau entstanden ist. Was ist eigentlich Leben? Ist das erste Molekül, dass sich selbst vermehren konnte, Leben? Oder beginnt das Leben später, mit dem ersten Einzeller? Es heißt: Das Leben zeichnet sich durch die Fähigkeit aus, sich fortzupflanzen. In diesem Sinne wäre das erste Molekül, das sich kopieren konnte, das erste Leben. Dennoch hat diese Vorstellung einige Haken.

Leben Computerprogramme, die sich selbst kopieren können, etwa auch? Und Maulesel, leben die nicht? Maulesel können sich in der Regel nämlich nicht fortpflanzen (ein Maulesel ist das Kind einer Eselstute und eines Pferdehengstes). Oder ein kastrierter Mann (der keine Kinder mehr bekommen kann), lebt der nicht mehr?

Das ist ganz schön schwierig! Vielleicht sollte man doch davon ausgehen, dass bei der Unterscheidung zwischen Leben und Nicht-Leben Zauberei im Spiel ist. Aber mit Zauberei hat das nichts zu tun. Die Begriffe *lebend* und *leblos* sagen mehr darüber aus, wie der Mensch die Natur einteilt, als über die Natur selbst. Fest steht, dass ein Kaninchen lebt, und eine große Mehrheit findet vermutlich, dass das auch Bakterien tun. Sicher ist auch, dass ein Teelöffel mit willkürlichen biochemischen Molekülen – Maisstärke, Olivenöl und noch ein paar dieser Sachen – nicht lebt. Irgendwo zwischen Maisstärke und Bakterien befindet sich der Übergang zwischen lebend und leblos. Aber wo genau man die Grenze zieht, ist willkürlich. Lebenden Wesen fließt kein magisches Lebenselixier durch die Adern, das sie von toten Wesen unterscheidet.

Die Trennlinie zwischen lebend und nicht-lebend besteht in der menschlichen Sprache, und nicht in der Natur.

Wir lesen im Kaffeesatz

Nun ist es so, dass der allergrößte Teil der Welt nicht von dem einen oder anderen Ingenieur entworfen wurde. Palmen, Spatzen und Walfische: Sie alle sind durch diesen »dummen« Prozess der Evolution entstanden. Aber das ist dabei, sich zu ändern. Wir bauen Fernseher, Autos und Autobahnen. Hier und da wurde die Welt sehr wohl geplant und entworfen. Und es geht sogar noch weiter, denn im Moment sind wir dabei, sogar Pflanzen und Tiere zu entwerfen.

Vor zehntausend Jahren hielten sich Menschen bereits Haustiere, und angepflanzte Wälder gibt es auch schon so lange wie die Straße nach Rom – der Mensch drückt Pflanzen und Tieren schon lange seinen Stempel auf. Heutzutage können wir sogar Wesen durch sogenannte *genetische Modifikation* herstellen. Genetische Modifikation geht von dem Grundgedanken aus, neue Tiere und Pflanzen »zusammenbauen« zu können, indem man direkt in den Genen herumbastelt. Man verändert einfach etwas am Text der Bauanleitung *Wie mache ich eine Kuh?*, und das Ergebnis ist eine neue Kuhart! Zum Beispiel Kühe, die mehr Milch geben können oder Kühe, die rechteckiger sind und deswegen besser in eine Stallbox passen – der Fantasie sind keine Grenzen gesetzt.

Vielleicht entwerfen wir ja demnächst auf dem genetischen Zeichentisch sogar Menschen. Dann suchen wir uns ein Kind aus, dass gut Ski fahren kann und schon brauchen wir kaum noch Skiunterricht zu bezahlen und können trotzdem mit der ganzen Familie herrlich den Berg heruntersausen.

Vielleicht geht dir das ein bisschen gegen den Strich, aber wie man es auch dreht und wendet: Sogar Menschen werden inzwischen manchmal ein bisschen entworfen. Ältere Menschen, die sich die Hüfte gebrochen haben, bekommen eine neue, künstliche. Wenn man Probleme mit dem Herzen hat, wird etwas in den Körper eingesetzt, das den Herzrhythmus regelt. Da scheint es ganz logisch zu sein, dass der Mensch in einigen Jahren – oder mehreren zehntausend Jahren – mit allerhand künstlichem Schnickschnack ausgerüstet ist, um das Leben einfacher, besser oder netter zu machen. Du könntest dann zum Beispiel ein CD-Laufwerk in der Stirn und einen superkleinen Bildschirm im linken Auge haben.

Wo das wohl alles hinführt? Da könnten wir genauso gut im Kaffeesatz lesen! Und ehrlich gesagt, glaube ich kaum, dass jemals ein Mensch mit einer so langsamen und veralteten Technologie wie einem CD-Laufwerk ausgerüstet wird. Wie auch immer: Die Welt wird vom Menschen mehr und mehr beeinflusst und gestaltet.

Dagegen ist natürlich überhaupt nichts einzuwenden, aber es verändert natürlich schon das eine oder andere. Für Menschen wie mich wird es immer schwerer werden zu zeigen, dass Pflanzen und Tiere von allein entstanden sind und nicht entworfen wurden – ganz einfach, weil demnächst der allergrößte Teil der Pflanzen und Tiere um uns herum genetisch manipuliert sein könnte!

Aber es wird noch mehr passieren. Denke doch nur einmal an die künstlichen Haustiere, die es bereits gibt. Sie können sprechen – na ja, eigentlich eher brabbeln –, fühlen, dass sie gestreichelt werden, und sich beschweren, wenn sie ihrer Meinung nach zu wenig im Mittelpunkt stehen. Richtige Haustiere eben, jedoch aus Plastik, mit einem kleinen Computer im Inneren drinnen und einem Fell aus Polyester. Wieso sollte die Evolution nicht auch demnächst diese Tiere mit einbeziehen?

Ab dem Moment, in dem diese Tiere sich fortpflanzen können, ist es eigentlich schon so weit. Für Spielzeughersteller scheint mir das gar nicht mal eine so schwierige Aufgabe zu sein. Eigentlich muss es ihnen bloß gelingen, ein Spielzeughaustier herzustellen, dass sich selbst nachbauen kann, mit Material aus der näheren Umgebung. Wer weiß, was dann alles passieren wird. Vielleicht entsteht dann ja eine unglaubliche Spielzeughaustier-Plage! Und stell dir mal vor, diese Spielzeughaustierchen wären essbar – würden Vegetarier sie dann etwa auf ihren Speiseplan setzen?

Kurzum

Man kann nicht entscheiden, wer der erste Mensch war: Es gibt einen fließenden Übergang von Bestimmt-kein-Mensch zu Ganz-bestimmt-ein-Mensch.

Irgendwann einmal – vor Millionen Jahren – haben sich Einzeller zu Mehrzellern zusammengetan, weil ihnen das Vorteile gebracht hat.

Man kann sagen, dass das erste Leben aus sehr einfachen Molekülen bestand, die sich selbst kopieren konnten.

Es gibt kein Lebenselixier: Die Grenze zwischen lebend und leblos wird vom Menschen gezogen, nicht von der Natur.

Wenn sich künstliche Haustiere fortpflanzen könnten, wäre es durchaus möglich, dass sie die Erde einnehmen könnten.

Teil 2
Die Evolutionstheorie
und weiter…

Jetzt kommt der schönste Teil! Denn welche Bedeutung hat denn nun eigentlich die Evolutionstheorie für uns? Was hat uns die Evolutionstheorie sonst noch zu sagen? Das werden wir mithilfe von Fragen herausfinden wie: Können wir unsterblich sein? Wie ist Käse erfunden worden? Ist Homosexualität natürlich? Darf man das Gesetz übertreten?

Der Abalone-Champion

Ein Gedanken-Experiment, um die Wirkungsweise der Evolution anschaulich zu machen – Eine Strategie, mit der man jeden Weltmeister bei jedem Denkspiel besiegen kann

Abalone ist ein modernes Denkspiel für zwei Personen. Man spielt es auf einem Brett mit Kuhlen, und in diesen Kuhlen liegen kleine, bunte Kugeln. Wahrscheinlich kennst du Abalone nicht, und genau das ist wunderbar: Ich kann dir zeigen, wie man Abalone spielt und gegen jeden gewinnt, ohne zu wissen, wie dieses Spiel überhaupt gespielt wird.

Die Kugeln sind schwarz und weiß, jeder Spieler hat seine eigene Farbe. Zu Anfang liegen die Kugeln in einer festgelegten Aufstellung auf dem Brett. Du machst einen Zug, indem du einer deiner Kugeln einen Schubs in eine bestimmte Richtung gibst. Mit dieser Kugel kannst du andere Kugeln vor dir herschieben und sogar Kugeln vom Brett stoßen. Das Ziel des Spiels ist es, so viele gegnerische Kugeln wie möglich vom Brett zu schieben. Wahrscheinlich ist das Ganze viel komplizierter (ich selbst kann eigentlich gar nicht Abalone spielen), aber das macht nichts, denn man braucht die Spielregeln gar nicht zu kennen und kann dennoch gegen jeden gewinnen.

Du spielst gegen den Weltmeister in Abalone, und jetzt kommt der Trick: Du darfst willkürlich hundert unterschiedliche Spielzüge ausprobieren. Du bekommst hundert Spielbretter mit den dazugehörigen Kugeln. Und hundertmal machst du einfach irgend etwas aufs Geratewohl – schließlich kennst du Abalone überhaupt nicht. Weil du die Spielregeln nicht kennst, wirst du sicher eine Menge Züge setzen, die gar nicht erlaubt sind. Diese Spiele verlierst du sofort. Auf alle Züge, die erlaubt sind, antwortet der Abalone-Weltmeister mit einem Gegenzug.

Vermutlich ist der Weltmeister so gut, dass du auf neunzig Brettern verlierst; diese Spielbretter stellst du sofort zurück in den Schrank. Auf ungefähr zehn Brettern aber darfst du wenigstens noch einmal ziehen. Für jedes von deinen zehn Spielbrettern bekommst du wieder hundert Möglichkeiten – jetzt stehen 1000 Bretter vor deiner Nase! Aber das ist alles noch gut zu überschauen, denn 1000 Mal machst du einfach irgendetwas. 1000 willkürliche Züge: Du schiebst eine Kugel nach links, eine nach rechts und verstehst nicht die Bohne von dem, was du da machst. Und trotzdem werden bei den 1000 Spielbrettern wieder ein paar dabei sein, bei denen du nicht gleich in die Pfanne gehauen wirst. Und so geht das Spiel weiter: Immer wieder darfst du hundert willkürliche Züge machen, und von den hundert sind immer wieder ein oder zwei gut. Alle anderen Spiele – bei denen du schlecht oder ungültig gezogen hast – verlierst du, und diese Bretter verschwinden vom Tisch.

Irgendwann einmal kommt jemand vorbeispaziert und sieht dich mit dem Abalone-Weltmeister an einem Tisch sitzen, mit, sagen wir, drei Spielbrettern zwischen euch – alle Bretter, auf denen du verloren hast, hast du gerade zur Seite geräumt. Wenn der Spaziergänger auf diese drei Bretter schaut, bekommt er den Eindruck, dass du dich gegen den Weltmeister ganz gut schlägst: All die Tausende und Abertausende von Spielbrettern, auf denen du verloren hast, sieht er natürlich nicht. Dann fragt dich der Spaziergänger, wie der Spielverlauf auf einem der Spielbretter gewesen ist. Du hast die Spielzüge aufgeschrieben und liest sie ihm vor. Wenn der Spaziergänger ein bisschen Abalone spielen kann, erkennt er sicher einige sehr schlaue Spielzüge von dir, und vermutet allerlei Strategien in deinem Spiel. Er wird sicher denken, dass du unglaublich gut Abalone spielen kannst. Dann wird er irgendwann fragen: »Warum hast du beim siebzehnten Zug die zwei Kugeln nach vorne geschoben?« Was könntest du dann antworten?

Du hast keine Ahnung, warum du diesen Spielzug gemacht hast; du hast einfach irgendetwas gemacht. Zufälligerweise hattest du einen Zug gemacht, der sich als gut herausgestellt hat – es ist auch fast unmöglich, nicht ab und zu einen solchen Zug zu machen, schließlich machst du immer wieder Hunderte. Wenn man sich also die Spiele ansieht, die *überlebt* haben – die Spiele, in denen du noch nicht verloren hast – dann scheint es, als ob du sehr gut Abalone spielen kannst, über das Spiel nachdenkst und bestimmte Kugeln aus gutem Grund setzt, obwohl dem gar nicht so ist.

Diese Strategie des Abalonespiels ist dieselbe Strategie, die der Evolution zugrunde liegt: unüberlegtes Ausprobieren. Wenn etwas nicht funktioniert – wie etwa ein sehr schlechter Abalone-Spielzug oder ein knallroter Eisbär – dann verschwindet es von selbst. Auf diese Weise bleibt nur übrig, was funktioniert.

Wahrscheinlich könntest du etwas weiter im Spiel die Frage, warum der siebzehnte Spielzug ein guter Spielzug war, doch noch beantworten. Vielleicht hat der siebzehnte Zug ja dafür gesorgt, dass du mit dem Nächsten eine ganze Reihe gegnerischer Kugeln vom Brett fegen konntest. Aber aus diesem Grund hattest du diesen Zug nicht gemacht. Du kannst demnach sehr wohl eine ehrliche Antwort auf die Frage »Warum hast du das Spiel mit dem siebzehnten Zug gewonnen?« geben, aber du kannst eigentlich keine sinnvolle Antwort auf die Frage »Warum hast du so und nicht anders gezogen?« geben. Ein kleiner, aber wichtiger Unterschied! Und den gleichen Unterschied hat man bei Fragen zu weißen Eisbären (und anderen Fragen zu praktischen Eigenschaften von Pflanzen und Tieren). Man kann sehr wohl die Frage, warum der Eisbär weiß bleibt, beantworten, aber die Frage, warum der Eisbär weiß ist, eigentlich nicht: Der Eisbär ist aus Zufall weiß geworden, und er ist weiß geblieben, weil sich das als besonders praktisch herausgestellt hat.

Wenn du nicht aufpasst, machst du schnell denselben Fehler wie der Spaziergänger, der dich beim Abalonespielen gesehen hat. Stell dir mal vor, du gehst eines Tages in ein kleines Dorf auf dem Land. Du sprichst mit ein paar Leuten, die dort leben, und dir fällt auf, dass fast alle Leute, mit denen du gesprochen hast, hier geboren und aufgewachsen sind. Die meisten sind Bauern, die den Betrieb ihrer Eltern übernommen haben, viel Wert auf Traditionen legen und nichts auf Großstädte geben. Du ziehst den Schluss, dass die meisten Leute, die in dem Dorf geboren wurden, dort wahrscheinlich bleiben und nichts von städtischem Firlefanz wissen wollen.

Aber diese Schlussfolgerung haut nicht hin. Vielleicht sind nämlich die Hälfte der Dorfbewohner nach New York ausgewandert und dort Künstler geworden! Das aber weißt du nicht, weil du ausgerechnet diese Leute nicht gesprochen hast – die sind ja schließlich in New York.

Der Spaziergänger hat einen falschen Eindruck von dir als Abalone-Spieler bekommen, weil er nur einen kleinen Teil der Wirklichkeit zu sehen bekommen hat: Er hat lediglich die Spiele gesehen, in denen du gut warst.

Denselben Fehler kannst du ganz leicht machen, wenn du dir die Natur anschaust und all die Pflanzen und Tiere siehst, die so fantastisch aufeinander abgestimmt sind. Wir sehen nicht all die Millionen, Millionen und Abermillionen Pflanzen und Tiere, die keineswegs erfolgreich waren und schon längst ausgestorben sind. Manchmal scheint es gerade so, als ob ein intelligenter Mechanismus hinter all diesen wundervollen Organismen stecken müsste: Duftende Rosen, stinkende Stinktiere, gepanzerte Schildkröten, leuchtende Tiefseefische – man könnte noch ewig so weitermachen. Dann aber hat man all die Versuche der Natur vergessen, die nicht erfolgreich waren: gepanzerte Tiefseefische, stinkende Rosen, leuchtende Stinktiere und duftende Schildkröten.

Kurzum

Wenn man ein bisschen dumm und willkürlich herumwurschtelt, aber die anderen alle gescheiterten Versuche vergessen, kann man trotzdem für sehr klug gehalten werden.

Weil alle Millionen, Millionen und Abermillionen misslungener Pflanzen und Tiere vom Erdboden verschwunden und nur die erfolgreichen übrig geblieben sind, scheint es so, als ob Pflanzen und Tiere von etwas sehr Schlauem erschaffen wurden.

Evolution kann nicht denken

Nutzlose und unpraktische Eigenschaften von Pflanzen und Tieren – Der menschliche Trugschluss, hinter allem einen Sinn zu suchen – Wie Käse erfunden wurde

Wie wir gesehen haben, dümpelt die Evolution vor sich hin, alles geschieht einfach so. Und ganz nebenbei entstehen durch diesen Prozess die fantastischsten und schönsten Pflanzen und Tiere. Trotzdem ist es nicht so, dass Pflanzen und Tiere sehr klug konstruiert sind. Die Natur steckt voller unpraktischer Eigenschaften und Unsinnigkeiten, und das verdankt man unter anderem auch der Evolution.

Nutzlose und unpraktische Eigenschaften von Pflanzen und Tieren

Ein Wal ist eigentlich nicht besonders klug gebaut. Wale haben die Nase (ihr Blasloch) auf dem Rücken. Das ist praktisch, denn dann müssen sie zum Atmen nicht so weit aus dem Wasser auftauchen. Aber wie verläuft die Luftröhre eines Wals? Das beste wäre natürlich, wenn sie direkt von der Lunge ins Nasenloch führen würde und das in einer möglichst geraden Linie. Auf jeden Fall hätte ein halbwegs gescheiter Ingenieur, der sich im voraus über den Entwurf eines Wals Gedanken gemacht hätte, dies so entworfen. Aber so verläuft die Luftröhre eines Wals nicht. Sie geht von den Lungen erst zum Mund, dann nach vorne zur Stirnseite des Kopfes und krümmt sich dann nach oben, Richtung Rücken, um in der Nase zu enden. Sehr praktisch, wie du dir denken kannst! Schuld am Verlauf der Luftröhre ist der Evolutionsprozess: Schritt für Schritt ist die

Nase von der Kopfvorderseite zum Rücken umgezogen. Und die zurückgelegte Strecke kann man am Verlauf der Luftröhre ablesen.

Die Evolution hat nicht daran gedacht, dass die Nase des Wals schrittweise zum Rücken umziehen musste. Evolution kann nicht denken! Willkürlich werden (und wurden) unterschiedliche Wale geboren – manche mit der Nase etwas näher Richtung Rücken und andere mit der Nase näher Richtung Bauch. Und die Wale, die die Nase ein winziges Stückchen näher am Rücken hatten, hatten größere Chancen zu überleben; und letztendlich haben sie auch überlebt.

Es gibt noch viel mehr Beispiele für Missgeschicke der Natur. Wie sieht es zum Beispiel mit deinem Steißbein aus? Was fängst du mit deinem Steißbein an? Nichts! Drauffallen kann man, das ist alles. Wieso sitzt dieses Stückchen dann da? Es ist der Rest eines Schwanzes – ein evolutionäres Überbleibsel. Irgendwann einmal haben die Vorfahren des Menschen einen Schwanz gehabt. Wenn man den Menschen auf einem Zeichentisch noch einmal entwerfen dürfte, würde man das Steißbein sicherlich weglassen. Aber so einfach geht das eben nicht.

Dein Blinddarm – noch so ein Beispiel. Wirklich zu gar nichts nütze, so ein Blinddarm. Total unpraktisch, das ist alles. Und doch gibt es ihn. So schlau ist die Evolution scheinbar doch nicht.

Nicht alles verfolgt ein Ziel

Vermutlich glauben viele Leute, so eine krumme Wal-Luftröhre, ein Steißbein oder ein Blinddarm wären zu irgendetwas gut. Für uns ist es schwer zu verstehen, dass Dinge grundlos geschehen und zu nichts nütze sind. Vielleicht liegt es daran, dass vieles um uns herum nicht grundlos ist. Bei einem Auto kann man erklären, wozu jedes Einzelteil nützlich ist. Dazu brauchen wir höchstwahrscheinlich die Hilfe eines Automechanikers, aber im Prinzip ist kein Einzelteil grundlos vorhanden. Das große runde Ding, an dem du drehen kannst, sorgt dafür, dass du lenken kannst und die eine kleine Schraube hier dient dazu, den Auspuff festzuhalten, und so weiter.

Stell dir mal vor, du sitzt eines Tages in einem neuen Auto. Du fährst ein bisschen herum – oder du wirst ein bisschen herumgefahren – und siehst plötzlich, dass eine Schraube quer durch die Motorhaube verläuft. Natürlich fragst du dich, was die Schraube da um Himmels willen soll. Die Schraube kann da doch nicht grundlos sein; sie muss doch irgendeinen Nutzen haben?

Ich habe so etwas schon mal bei einem Fahrrad erlebt. An der Hinterradgabel meines Rads gibt es ein kleines, hervorstehendes Ding. Ich hatte keinen blassen Schimmer, wozu dieses Ding gut sein sollte. Ich bin erst dahinter gekommen, als ich einem Jungen zusah, der seinen Schlauch flickte. Er hatte die Fahrradkette hinter das kleine Ding gelegt, sodass er ohne Probleme das Hinterrad aus der Gabel ziehen konnte. Anscheinend war das die Funktion dieses Teils. Was für ein Glück, es war nicht umsonst da!

Aber in der Natur ist es nicht so, dass alles eine Funktion hat. Was hältst du zum Beispiel von der Furche unter deiner Nase? Soweit ich weiß, hat diese Furche keine Funktion. Was soll die dann da? Tja, ich weiß es nicht. Vielleicht ist diese Furche irgendwann einmal entstanden, weil sie zu dieser Zeit sehr wohl nützlich war, und es ist im Evolutionsprozess nie dazu gekommen, sie wieder verschwinden zu lassen. Aber noch nicht einmal das muss es sein.

Stell dir mal ein Mädchen vor, dass irgendwann geboren wurde und zufälligerweise sehr klug war. Wegen ihrer Klugheit konnte sie alles besser als die anderen: Sie konnte am besten Mammuts fangen, sie konnte am besten Grotten finden und sie konnte am besten die anderen für sich gewinnen. Natürlich war das Mädchen am besten imstande, zu überleben und bekam eine Menge Kinder – die selbst auch wieder solche Naseweise waren. Das Mädchen wurde für die gesamte Menschenart ein Trendsetter. Nur... neben ihrer Intelligenz hatte das Mädchen auch eine merkwürdige Furche unter der Nase – ein bizarres Spiel der Natur.

Sie hatte weder einen Vor- noch Nachteil durch diese komische Furche, also gut, sie war nun einmal da. Und die Nachkommen des schlauen Mädchen erbten nicht nur ihre Klugheit, sondern auch die Furche unter der Nase. So kann es gekommen sein, dass wir alle diese Furche haben, ohne dass sie je von Nutzen gewesen ist.

Warum müssen wir schlafen? Das scheint ein Rätsel zu sein: Es gibt darauf noch keine eindeutige Antwort, und viele Wissenschaftler beschäftigen sich mit der Frage, was die Notwendigkeit des Schlafes ist. Dabei gehen die Wissenschaftler davon aus, dass Schlafen irgendeinen Nutzen haben muss – wieso sollten sonst beinahe alle Tiere schlafen, das kann doch nicht sinnlos sein? Aber vielleicht ist es gerade das – dies würde immerhin erklären, wieso all die Wissenschaftler immer noch keine Antwort gefunden haben. Auf jeden Fall wissen wir, wieso Tiere nicht immer schlafen: weil sie Essen suchen, Sex haben und noch mehr solcher Sachen. Und vielleicht ist das ja Antwort genug, und gibt es darüber gar nicht mehr zu sagen.

Andere Evolutionen

Die Evolution lässt zwar fantastische und kluge Dinge entstehen, aber manchmal auch weniger kluge. Dies ist nicht allein eine Eigenschaft der biologischen Evolution, auch andere Evolutionen leiden an diesem Übel. Ein schönes Beispiel ist die Evolution des Betriebssystems von Computern.

In den achtziger Jahren brachte der Softwarehersteller Microsoft ein Betriebssystem mit dem Namen MS-DOS auf den Markt. MS-DOS wurde ein großer Erfolg, obwohl das Programm noch ganz schön holprig war und vorne und hinten nicht stimmte. Man konnte zum Beispiel nie zwei Programme gleichzeitig laden und musste den Computer regelmäßig aus- und anstellen, wenn etwas schief gegangen war. Sehr viele beliebte Programme – Textverarbeitung, Spiele – wurden so programmiert, dass sie nur auf einem Computer mit MS-DOS funktionierten.

Als Nachfolger des MS-DOS brachte derselbe Hersteller Windows 3.1 auf den Markt, eine Art MS-DOS, aber dann mit Abbildungen, die man anklicken konnte, sogenannten Fenstern, in denen man anschließend arbeiten konnte. Viel besser also. All die Leute, die MS-DOS hatten, waren durchaus bereit, Windows 3.1. zu kaufen, aber natürlich nur, wenn ihr Textprogramm und ihre Spiele weiterhin funktionieren würden. Das schien aber nur möglich zu sein, wenn die Basis der Programme dieselbe blieb – inklusive aller Probleme. Auch bei Windows 3.1 musste man regelmäßig den Computer aus- und anstellen.

Die Probleme von MS-DOS wären durchaus lösbar gewesen, und die Programmierer von Microsoft hätten einen viel besseren Nachfolger entwickeln können. Aber Spiele, Textverarbeitung und dergleichen hätten dann nicht mehr auf dem Nachfolger laufen können – alle hätten ihre teure Textverarbeitung und teuren Spiele wegwerfen und neue kaufen müssen. Das wäre für die meisten Käufer nicht zumutbar gewesen. Deswegen entschied der Hersteller, die wackelige Basis von MS-DOS zu erhalten und darauf aufzubauen. Eigentlich hätten sie gar nichts anderes tun können: Die Entscheidungen, die zu Anfang getroffen worden waren, konnten nicht mehr rückgängig gemacht werden.

Dasselbe galt für den Nachfolger, der dann kam: Windows 95. Das war noch besser als Windows 3.1 und sehr viel besser als MS-DOS. Aber auch Windows 95 hatte einen Teil der Probleme aus der Vergangenheit geerbt. Wenn man noch mal ganz von vorne anfangen könnte, dann würde Windows 95 vielleicht ganz anders aussehen. Aber man kann nicht noch einmal von vorne anfangen, und man erbt die Vor- und Nachteile des Vorgängers.

Diese Geschichte gilt eigentlich für sehr viele technische Evolutionen. Stell dir mal vor, dass eines schönen Tages irgendein Ingenieur andeutet, es sei eigentlich viel praktischer, wenn die Zuggleise zehn Zentimeter breiter wären. Dann würde die Eisenbahngesellschaft doch nicht einfach alle Gleise austauschen! Viel zu umständlich und viel zu teuer. Manchmal bleiben wir an Entscheidungen aus der Vergangenheit gebunden, selbst wenn sie unpraktisch sind.

Stell dir einmal vor, in hundert Jahren würde in einem Museum ein sehr alter Computer mit Windows 95 stehen. Der Konservator des Museums würde sich für das Monstrum interessieren und untersucht das Ding. Er stellt den Apparat an und mithilfe einiger alten Bedienungsanleitungen würde er die Benutzung des Systems lernen und auch, wozu das Programm nützlich war. Sein Interesse würde andauern, er würde sich in Windows 95 vertiefen und sich ansehen, wie das Programm arbeitet. Er würde sich verschiedene Computerdateien und Teile der Programmiersprache ansehen – aber er würde noch nicht einmal die Hälfte verstehen. »Wieso haben Programmierer das um Himmels willen so gemacht?«, würde er sich regelmäßig fragen und sich die Haare raufen. Was er nicht weiß, ist, dass Windows 95 auf MS-DOS aufgebaut ist. Erst wenn man sich klarmacht, dass es eine Evolution von MS-DOS über Windows 3.1 zu Windows 95 gegeben hat, werden bestimmte Sachverhalte deutlicher. Das Gleiche gilt für die Evolution in der Natur: Sehr vieles scheint unpraktisch zu sein – die Luftröhre eines Wals, dein Steißbein, die Brustwarzen von Männern, der Blinddarm. Aber das ist nicht verwunderlich, wenn man bedenkt, dass es keinen klugen Ingenieur gegeben hat, der sich alles ausgedacht und geplant hat, sondern alles von selbst entstanden ist, durch einen »dummen« Evolutionsprozess, der dazu auch noch kaum imstande ist, früher gemachte Schritte zurückzunehmen.

Wie Käse erfunden wurde

Du stehst in der Küche und belegst ein Butterbrot mit Käse. Lecker, der Käse, nicht wahr? Aber eigentlich ist es komisches Zeug. Hast du dich je gefragt, wer um Himmels willen die Idee gehabt hat, Käse zu machen?

Käse ist merkwürdig. Man macht ihn aus frischer Milch, in die man Labferment streut. Labferment ist eine Flüssigkeit, die aus dem Magen eines Kälbchens kommt. Labferment lässt Milch gerinnen; sie wird ein ekliger Mansch, der wie schlecht gewordene Milch aussieht (mit diesen dicken, weißen Klumpen drin). Dann drückt man das Zeug durch ein feines Sieb, und den weißen Brei, der im Sieb hängen bleibt, legt man in Salzwasser. Nach einer Weile hat man Käse.

Wer hat sich so etwas Verrücktes ausgedacht? Wer ist je auf die Idee gekommen, den Mageninhalt eines Kälbchens in Milch zu kippen? Irgendwann einmal muss es jemanden gegeben haben, der als erstes einen Kalbsmagen in einen Eimer oder eine Kanne mit Milch gelegt hat. Glaubst du, derjenige hat das mit Absicht getan, um Käse herzustellen? Glaubst du, sie oder er dachte: Hm, ich werde diesen Kalbsmagen in den Eimer mit Milch legen, höchstwahrscheinlich wird die Milch klumpen und aus den Klumpen werde ich festes, gelbes Zeug machen, dem ich den Namen Käse geben werde – ideal fürs Butterbrot. Nein, so war es sicher nicht! Wahrscheinlich ist einem Tollpatsch irgendwann einmal ein Kalbsmagen aus Versehen in einen Eimer Milch gefallen. Und zufälligerweise schien das ein Glücksgriff gewesen zu sein.

Niemand hätte je im voraus wissen können, dass man köstlichen Käse machen kann, indem man einen Kalbsmagen in Milch schmeißt. Genauso hätte niemand im voraus wissen können, dass Kartoffeln essbar sind. Ein paar Leute haben es einfach ausprobiert. Menschen haben überhaupt so ziemlich alles probiert. Zweifellos haben sie in der Vergangenheit Baumrinde gegessen, probeweise dicke Käfer über dem Feuer geröstet und gekochte Haare gekostet. Aber von den meisten dieser Versuche bekommt man Bauschmerzen, oder, noch schlimmer, stirbt man. Nur die erfolgreichen Versuche – Käse, Kartoffeln und Spargel zum Beispiel – haben es geschafft, auf die Speisekarte gesetzt zu werden. Übrigens kann man an diesen Versuchen deutlich die Härte des Überlebenskampfes ablesen: Menschen blieb gar nichts anderes übrig, als alles Mögliche in den Mund zu stecken, weil sie sonst verhungert wären.

Was haben Lebensmittel denn nun mit der Evolutionstheorie zu tun? Das ist nicht so kompliziert. Wir haben gesehen, dass die Herstellung von Käse nicht geplant war. Niemand hat Käse erfunden. Käse ist zufällig, durch ein Missgeschick oder etwas ähnliches, entstanden. Weil er sich als recht lecker herausgestellt hat, gibt es Käse noch immer und heutzutage legen wir ihn aufs Butterbrot. Die Evolution funktioniert genauso. Evolution ist ein nicht geplanter Prozess, und Tiere und Pflanzen sind zufällige Versuche, die überleben, wenn sie zu funktionieren scheinen.

Kurzum

Pflanzen und Tiere sind nicht wie Autos: Alle Einzelteile eines Autos haben einen Nutzen, wohingegen Pflanzen und Tiere voller nutzloser Anhängsel und Eigenschaften stecken.

Für Menschen ist es anscheinend ziemlich schwirig zu akzeptieren, dass die Welt voller nutzloser Dinge ist – vielleicht liegt es daran, dass die Dinge, die der Mensch macht, oft nützlich sind (oder wenigstens erscheinen).

Käse wurde nicht erfunden. Käse ist durch eine schicksalhafte Spielerei entstanden, und es gibt ihn noch immer, weil man ihn so wunderbar aufs Butterbrot legen kann und das Ganze lecker schmeckt.

Grenzen der Möglichkeiten

Wieso kann ein Hund von einem Huhn keine Kinder bekommen? – Wieso gibt es keine Hunde mit Federn?

Kannst du dich noch an die Gene erinnern? Gene sind eine Art Bauanleitung, in denen geschrieben steht, wie du aussehen sollst. Deine Gene kommen ungefähr zur Hälfte von deiner Mutter und zur anderen Hälfte von deinem Vater, deswegen ähnelst du beiden ein bisschen.

Man könnte sich vorstellen, dass das Kind von einem Hund und einem Huhn wie ein Hund mit Federn aussehen würde, oder wie ein Huhn mit Zähnen. Aber dem ist nicht so: Ein Hund kann von einem Huhn keine Kinder bekommen, und umgekehrt kann kein Huhn von einem Hund Kinder bekommen. Wieso nicht?

Wieso kann ein Hund von einem Huhn keine Kinder bekommen?

Stell dir vor, du hast zwei Boeing 747, beide mit einer detaillierten Bauanleitung, in der steht, wie man eine Boeing 747 bauen muss. Die beiden Boeing sind von jeweils einem etwas anderen Typ und die Bauanleitungen unterscheiden sich dann auch ein kleines bisschen. Jetzt willst du ein Flugzeug bauen, das ein Kind dieser beiden Flugzeuge ist. Du nimmst willkürliche Seiten der einen und der anderen Bauanleitung, und kombinierst sie zu einer neuen Bauanleitung: Seite 30 bis 33 von der einen Bauanleitung, Seite 34 bis 35 von der anderen und so weiter und so fort. Zwei halbe Bauanleitungen – die sich lediglich in wenigen

Worten unterscheiden – ergeben eine neue Bauanleitung. Mit der neuen Bauanleitung gehst du in eine Werkstatt und legst los. Du schlägst die Bauanleitung auf und machst genau das, was auf Seite 1 steht. Wenn du fertig bist, fängst du mit Seite 2 an und so weiter. Falls du genug Zeit hast – und du geschickt genug bist – dann wirst du irgendwann einmal die neue Boeing 747 fertig haben. Ein Kind der beiden anderen Flugzeuge, die du bereits hattest!

Aber was passiert, wenn du die Bauanleitung einer Boing 747 mit der Bauanleitung eines Segelflugzeugs kombinierst – oder noch schlimmer: mit der eines Rasenmähers? Das ergibt Blödsinn und eine unbrauchbare Bauanleitung. Beide Anleitungen sind sowieso nicht gleich lang, und Seite 33 der Boeing-Bauanleitung schließt absolut nicht an Seite 34 der Bauanleitung *Wie baue ich ein Segelflugzeug?* an. Beide Anleitungen sind viel zu unterschiedlich und ergeben keine sinnvolle Mischung. Man kann eine Boeing 747 nicht mit einem Segelflugzeug kombinieren; sie sind zu verschieden.

Auf ähnliche Weise sind auch Hunde und Hühner zu verschieden. Wenn man ihre Gene kombinieren würde, ergäbe das Unsinn. Hühnergene und Hundegene sind nicht gleich lang und zu unterschiedlich. Deswegen können Hühner und Hunde – und Katzen und Pferde, und Mohnblumen und Eisbären – keine Kinder miteinander bekommen.

Allgemein gilt, dass verschiedene Arten keine Kinder miteinander bekommen können. Aber eigentlich ist es andersherum: Wenn zwei Pflanzen oder zwei Tiere keine Kinder miteinander haben können – selbst wenn sie beieinander leben und Sex miteinander haben könnten – dann gehören sie zu unterschiedlichen Arten.

Wieso gibt es keine Hunde mit Federn?

Okay, ein Hund kann mit einem Huhn keine Kinder bekommen. Das ist jetzt wirklich klar. Aber warum gibt es keine Hunde mit Federn, oder Hühner mit Zähnen – Pitbull-Hühner eben? Wieso ist noch nie, einfach so, ein Hund mit Federn geboren worden? Beim Kopieren der Gene geht regelmäßig etwas schief; wieso also ist nicht auch einmal ein Kopierfehler aufgetreten, der ein Hundegen in ein Hund-mit-Federn-Gen verändert hat? Das klingt erst einmal logisch: Schließlich werden regelmäßig Kopierfehler gemacht, und als Folge davon entstehen immer wieder unterschiedliche Pflanzen und Tiere.

Aber die Chance, dass ein Hund mit Federn geboren wird, ist sehr, sehr klein. Es wäre nur möglich, wenn das Hundegen ungefähr so aussehen würde:

»Tier«, »vier Pfoten«, »gehorsam«, »Haare«, »hört auf den Namen Fiffi«

Dann müsste man lediglich das Wort *Haare* durch das Wort *Federn* ersetzen und der Hund mit Federn wäre geboren. So ein Kopierfehler könnte durchaus einmal auftreten, wenn man bedenkt, dass Millionen und Abermillionen Kopien angefertigt werden. Aber Hundegene sind nicht so simpel wie oben beschrieben. Hundegene sind ein ganzes Stück ausführlicher und genauer. Die Haare des Hundes nehmen vermutlich ein ganzes Kapitel in der Bauanleitung ein – und wahrscheinlich noch hier und da verstreut einzelne Seiten. Für Federn gilt das Gleiche. Um einen Hund mit Federn machen zu können, müssten all diese Seiten ganz exakt in Seiten, die Federn beschreiben, geändert werden. Änderungen geschehen nur Wort für Wort und außerdem willkürlich; es ist beinah unmöglich, dass durch puren Zufall genau die Veränderungen stattfinden werden, die einem Hund Federn geben würden.

Stell dir mal vor, du würdest alle Worte dieses Kapitels durch willkürliche Worte ersetzen; wie groß wäre da die Chance, dass dieses neue

Kapitel, sagen wir mal, mit den gelben Seiten deines Wohnorts übereinstimmen würden? Genau so klein ungefähr ist die Chance, dass ein Hund mit Federn entsteht.

Schade, aber so ist es nun mal – wir sind an die Gesetze der Evolution gebunden! Ein Hund mit Federn ist vielleicht eine super Idee, aber ich glaube nicht, dass es ihn jemals geben wird. Und genau so ist es mit Pegasus, dem geflügelten Pferd aus der griechischen Mythologie. Wirbeltiere haben vier Gliedmaßen und nicht sechs – ein Pferd mit vier Beinen und zwei Flügeln ist einfach nicht drin!

Kurzum

Ein Hund kann mit einem Huhn keine Kinder bekommen, weil die Gene eines Hundes von denen eines Huhns zu unterschiedlich sind: wenn man beide mixt, bekommt man Unsinn.

Evolutionäre Veränderungen erfolgen schrittweise: der Schritt von vier Beinen zu vier Beinen plus zwei Flügeln ist viel zu groß. Deswegen wurde noch nie ein geflügeltes Pferd geboren.

Der biologische Kopierapparat

Wie schlau Gene sein können – Wir alle sind
Kopierapparate

Die Evolutionstheorie, wie Charles Darwin sie ursprünglich formuliert hat, lautet ungefähr wie folgt: Wenn eine Pflanze oder ein Tier eine nützliche Eigenschaft hat, wodurch die Chance zu überleben steigt, dann hat die Pflanze oder das Tier auch eine größere Chance Kinder zu bekommen. Diese werden häufig dieselbe Eigenschaft besitzen, und deswegen kann diese nützliche Eigenschaft sich im Laufe der Zeit bei der gesamten Art durchsetzen.

Aber es ist noch etwas komplizierter, als Charles Darwin dachte. Es geht nämlich nicht um die Überlebenschancen von Individuen – Pflanzen oder Tieren. Es geht um die Überlebenschance der Gene.

Stell dir mal irgendein Tier vor – sagen wir ein Krokodil, ein Krokodilweibchen. Und stell dir jetzt noch vor, dass dieses Krokodilweibchen ein Gen besitzt, durch das es einen unglaublichen Kinderwunsch hegt. Stark vereinfacht könntest du dir ein Gen vorstellen, auf dem steht: *Kinderwunsch*. Nennen wir es einfach *Kinderwunsch-Gen*. Dieses Gen sorgt dafür, dass das Krokodil sehr, sehr gern ganz viele Kinder haben möchte. Es wird alles dransetzen, so viele Kinder wie möglich zu bekommen. Und wenn es wirklich sein Bestes gibt, dann wird ihm das sogar gelingen.

An sich ist das Kinderwunsch-Gen für das Krokodil überhaupt nicht praktisch: Es erhöht die Überlebenschance nicht. Es kann deswegen nicht schneller schwimmen, es wird dadurch nicht klüger und seine Zähne werden dadurch auch nicht größer. Das Kinderwunsch-Gen ist eigentlich eher lästig: Es kostet das Krokodil furchtbar viel Zeit und Energie, all die Eier zu legen, und sehr viel Mühe, für all die Kinder zu sorgen (obwohl Krokodile das eigentlich kaum tun).

Und doch – trotz der Tatsache, dass es eine solch mühsame Eigenschaft ist – haben alle Krokodile einen Kinderwunsch und das dazugehörige Kinderwunsch-Gen. Das liegt daran, dass es nicht um das Krokodil geht, sondern um das Gen selbst. Das Kinderwunsch-Gen ist vielleicht für das Krokodil sehr unpraktisch; für sich selbst dagegen ist das Kinderwunsch-Gen sehr praktisch! Und das ist der Trick. Denn das Kinderwunsch-Gen sorgt dafür, dass unser Krokodil sehr viele Kinder bekommt – mehr Kinder als die Krokodile ohne Kinderwunsch-Gen (angenommen, dass es das gäbe). Von diesen Kindern haben ebenfalls sehr viele das Kinderwunsch-Gen. Und diese Kinder bekommen wiederum sehr viele Kinder, was wiederum bedeutet: noch mehr Kinderwunsch-Gene. Und das geht immer so weiter, bis praktisch jedes Krokodil das Kinderwunsch-Gen hat. Das Kinderwunsch-Gen sorgt dafür, dass es sich selbst vermehrt. Und solche Gene – und die dazugehörigen Eigenschaften – sind die Gewinner der Evolution. Solche Gene bleiben bestehen.

Machen wir ein Gedankenexperiment. Stell dir eine Fabrikhalle vor, die mit lauter Kopierapparaten vollsteht, und über einen gigantischen Papiervorrat verfügt. Alle Kopiergeräte sind die ganze Zeit an der Arbeit: Hinter jedem Kopierer stapelt sich das Papier zu meterhohen Bergen. In der Halle geht ein Mann umher, der alles im Blick hat. Ab und an nimmt er eine Kopie von irgendeinem Stapel und tauscht sie gegen das Original eines anderen Kopiergeräts aus: Auf diese Weise macht der Apparat Kopien von einer Kopie (von einer Kopie von einer Kopie vielleicht). Wenn der Mann genug von den riesigen Papierbergen hat, wirft er eine Ladung in den Altpapiercontainer. Und so geht es immer weiter: Die Kopierer laufen, ab und an ersetzt der Mann das Original durch eine Kopie, und hier und da wirft er eine Papierladung weg.

Aber es ist ganz besonderes Papier und es sind ganz besondere Kopierapparate. Auf dem Papier stehen nämlich Anweisungen für die Kopierer. So kann zum Beispiel auf einem Zettel stehen, dass der Apparat dunkler kopieren oder das Original um 100 Prozent vergrößern soll. Die Kopierer können diese Anweisungen verstehen und führen sie präzise aus.

Stell dir nun vor, auf einem der Apparate läge zufällig der Befehl, doppelt so schnell zu kopieren. Brav macht der Kopierapparat, was ihm aufgetragen wurde und kopiert doppelt so schnell wie alle anderen. Der Kopierer rattert in einem fort, und der Papierberg wächst doppelt so schnell wie die anderen. Wie immer läuft der Mann vorbei und nimmt hier und da ein paar Kopien, um sie gegen die Originale auszutauschen. Von dem einen Gerät mit dem gigantischen Papierberg vor sich nimmt er natürlich auch eine mit: Es ist schließlich so ein auffälliger Berg, da kann

man gar nicht anders. Diese Kopie tauscht er gegen das Original einer anderen Maschine aus. Prompt spuckt dieser Apparat ebenfalls doppelt so schnell Kopien aus. Und das nächste Mal, wenn der Mann vorbeikommt, passiert natürlich wieder dasselbe, und so fangen immer mehr Apparate an, doppelt so schnell zu kopieren.

Irgendwann hat der Mann genug von all den Papierbergen und kommt mit einem großen Bulldozer angefahren, um hier und da ein paar Berge wegzuschaffen. Aber die Berge bei den superschnellen Kopierapparaten sind so groß, dass Reste davon übrig bleiben: Bei den schnellen Kopierern bleiben mehr Kopien übrig als bei den anderen.

Wenn das so weitergeht – Originale gegen Kopien austauschen und überschüssige Kopien wegschmeißen – werden irgendwann alle Originale von Kopien mit der Anweisung, zweimal so schnell zu kopieren, er-

setzt sein. Alle Kopiergeräte werden schließlich schneller kopieren. Und auf allen Blättern in der Fabrikhalle – auf allen Papierbergen – wird dasselbe stehen: Die Anweisung, doppelt so schnell zu kopieren.

Das war wirklich ein nützlicher Zettel. Er hat dafür gesorgt, dass die Kopierer so programmiert wurden, dass der Zettel schneller vervielfältigt wurde als andere Zettel. Das Kinderwunsch-Gen des Krokodils von vorhin ist genau so ein Zettel. Und das Krokodil ist ein Kopierapparat. Das Kinderwunsch-Gen programmiert das Krokodil derart, dass das Gen schneller vervielfältigt wird als andere Gene.

Wir – und alle anderen Pflanzen und Tiere – sind genau solche Kopierer und unsere Gene genau solche Zettel. Wenn auf einem Gen eine Anweisung steht, die der Vervielfältigung des Gens zugute kommt, dann wird sich dieses Gen schneller vervielfältigen als andere Gene. Und irgendwann werden praktisch alle Tiere dieser Art ein solches Gen in sich tragen.

Der Kopierer ist sich keineswegs bewusst gewesen, dass er programmiert wurde, schneller zu kopieren. Er ist nur ein Apparat, ein Sklave des Zettels mit den Anweisungen. Es wäre selbst ein Zettel denkbar, auf dem geschrieben steht: Du musst doppelt so schnell kopieren, und das findest du sogar noch toll. Dir ist nicht bewusst, dass du mein Sklave bist.

Zettel sind natürlich nicht wirklich schlau (so wie wir schlau sein können): Zettel sind sich nichts bewusst. Aber wenn zufällig auf einem Zettel eine Anweisung steht, die der Vervielfältigung des Zettels zugute kommt, dann gibt es kein Halten mehr. Dann werden stapelweise Zettel erscheinen mit genau dieser Anweisung darauf. Und die Kopierer werden brav tun, was die Anweisung sagt – selbst wenn das auf Kosten des Apparates geht. Und vielleicht finden die Kopiergeräte das sogar noch toll, weil sie darauf programmiert wurden, es toll zu finden.

Ich hab mal meinen Vater gefragt, wieso er Kinder wollte. Er erzählte mir, er sei eines Morgens wach geworden und wusste: Ich will Kinder.

Seit diesem Morgen konnte er an nichts anderes mehr denken: Kinder, Kinder, Kinder. »Und«, sagte er dann zu mir, »es ist das Schönste, was es gibt. Kinder geben dem Leben einen Sinn.« Ich bin mir nicht ganz sicher, aber es sieht doch ein bisschen danach aus, als ob mein Vater von einem schlauen Gen programmiert worden wäre, das zu ihm sagt: »Du willst auf Teufel komm raus Kinder bekommen, und du findest, dass ist das Schönste, was es gibt.«

Kurzum

Gene, die die Chance ihrer eigenen Vervielfältigung vergrößern, sind die Gewinner der Evolution.

Pflanzen, Tiere – und auch Menschen – sind in gewissem Sinne biologische Kopierer, die ihren Genen unterliegen.

Unsterblichkeit

Wie kann man unsterblich werden? –
Gibt es Unsterblichkeit bereits? – Wieso sterben wir?

Stell dir mal vor, wir wären unsterblich: Dann bräuchtest du nicht zu sterben. Würdest du das wollen, noch Hunderte von Jahren weiterleben? Vielleicht wird das Leben ja sehr merkwürdig, wenn man weiß, dass man nicht sterben muss. Vielleicht würdest du dann sehr faul werden, weil du alles auch noch später tun könntest, und würdest statt drei Stunden drei Wochen ausschlafen. Wie auch immer, es ist sehr interessant über Unsterblichkeit nachzudenken.

Entwicklungen – zum Beispiel in der Medizin – haben dafür gesorgt, dass die Lebensdauer des Menschen in den letzten Jahren ein ganzes Stück gestiegen ist. Vor ein paar hundert Jahren lag die Lebensdauer eines durchschnittlichen Europäers zwischen dreißig und vierzig Jahren. Zu Anfang des zwanzigsten Jahrhunderts lag sie ungefähr bei fünfzig Jahren, und heutzutage kann der Durchschnittseuropäer damit rechnen, ungefähr achtzig zu werden. Der Gedanke, der Mensch könne irgendwann einmal unsterblich sein, ist demnach gar nicht so verrückt.

Wie kann man unsterblich werden?

Nun kann man auf unterschiedliche Weise unsterblich werden. Eine ist, zu hoffen, dass die Medizin gegen jede Krankheit ein Medikament findet. In diesem Fall würde man nicht mehr an Krebs, AIDS, Lepra oder einer anderen furchtbaren Krankheit sterben. Aber dann bleibt da immer noch das Problem des Älterwerdens (und man kann natürlich auch unter ein Auto kommen). Wie sehr sich die Medizin auch anstrengen mag, selbst der gesündeste Mensch wird vermutlich nicht viel älter als 110 Jahre werden können. Vielleicht wird die Medizin irgendwann sogar auch dieses Problem lösen, aber es gibt noch eine andere Art, unsterblich zu werden.

Wer bist du? Im Moment bist du die Person, die dieses Buch liest. Ein Mensch mit zwei Armen, zwei Beinen und einer Nase. Und dann noch dieser charakteristischen Augenfarbe, diesem besonderen Haar, das nur du hast, und diesem kleinen Muttermal auf der Haut. Aber vor allem bist du diese eine Person mit dem ganz eigenen Verhalten, den Dingen, die du weißt, und den dich prägenden Erfahrungen: die Schule, auf die du gegangen bist, dein erster Kuss, die Streitereien, die du gehabt hast. Vor allem diese Erlebnisse bestimmen, wer du bist.

Wenn du ein Bein bei einem Autounfall verlierst, dann bleibst du immer noch dieselbe Person. Oder stell dir vor, du würdest morgens wach, und auf einmal bist du zwei Meter groß und 150 Kilo schwer. Dann bist du doch noch immer dieselbe Person. Vielleicht bist du etwas glücklicher oder unglücklicher als vorher, aber ich denke nicht, dass du glauben würdest, jetzt ein anderer Mensch zu sein. Deine Persönlichkeit wird zum größten Teil durch dein Verhalten, deine Erfahrungen und alles, was du gelernt hast, bestimmt.

Solche Sachen sind in deinem Gehirn versteckt. Alles, an was du dich erinnern kannst, und alles, was du gelernt (und nicht vergessen) hast, ist irgendwie in deinem Kopf verborgen. Zurzeit weiß man noch nicht viel vom Gehirn, und deswegen ist es noch vollkommen unklar, auf welche Art und Weise all diese Dinge in deinem Gehirn gespeichert werden – aber das nur nebenbei.

Stell dir nun mal vor, wir könnten dein Gehirn leersaugen und alle Informationen, die darin vorhanden sind, auf einer Diskette, einer CD-ROM oder etwas Ähnlichem, speichern. Und stell dir dann noch vor, wir könnten umgekehrt all diese Informationen von solch einer Scheibe in das Gehirn eines anderen einspeisen. Dann wärst du unsterblich!

Du könntest jeden Tag vorm Schlafengehen eine Kopie von dir selbst auf Diskette speichern. Und solltest du dann unerwartet sterben, könnten deine Freunde und Familie mit dieser Diskette im Handumdrehen wieder ein neues »Du« machen. Natürlich nur, sofern sie jemanden finden, der bereit ist, seine Persönlichkeit durch deine austauschen zu lassen. Eine Diskette als eine Art unsterbliche Seele.

Gibt es Unsterblichkeit bereits?

Wenn du morgens wach wirst und auf einmal zwei Meter groß und 150 Kilo schwer bist, dann nervt dich das vielleicht furchtbar, aber du bist noch immer dieselbe Person. Aber umgekehrt? Stell dir vor, du wirst morgens wach und weißt nicht mehr, wie du heißt und wo du um Himmels Willen bist, und was du früher erlebt hast. Du kannst nicht mal mehr sprechen und musst alles wieder von Anfang an lernen. Bist du dann immer noch dieselbe Person? Nein, könnte man sagen und behaupten, das alte »Ich« sei im Schlaf gestorben, und dass ein neues geboren wurde, als du wach wurdest. Dies mag vielleicht alles sehr philosophisch und wenig realistisch klingen, aber solche Dinge passieren durchaus. Bei Eichhörnchen zum Beispiel. Eichhörnchen halten, wie viele Tiere, einen Winterschlaf. Wenn es im Herbst kälter wird, suchen sie sich ein kuscheliges Plätzchen und schlafen ein. Erst ein paar Monate später, wenn es wieder Frühling wird, wachen Eichhörnchen wieder auf. Das Komische daran ist, dass es passieren kann, dass ein Eichhörnchen fast alles von dem vergessen hat, was es vor dem Winterschlaf wusste.

Das Eichhörnchen merkt nicht so viel davon: Wenn es wach wird, kann es noch immer laufen und klettern. Aber es hat vergessen, wo es seine Essensvorräte – Nüsse und dergleichen – für den Frühling versteckt hat. Glücklicherweise versteckt es seine Vorräte nicht an einem einzigen Ort, sondern an vielen verschiedenen, sodass es doch immer einen Teil seiner Vorräte zurückfinden kann.

Ist das Eichhörnchen vor dem Winterschlaf noch dasselbe wie nach dem Winterschlaf? Ich weiß es nicht. Ich neige dazu zu sagen, es ist dasselbe Eichhörnchen. Alles hängt von der Definition ab.

Aber wie sieht es mit Wesen aus, die dümmer als Eichhörnchen sind? Bakterien zum Beispiel, oder Pflanzen? Eine Pflanze macht keine Erfahrungen, braucht nichts von anderen Pflanzen zu lernen und weiß nicht, wie alt sie ist. Das Einzige, das sich im Leben einer Pflanze ändert, ist ihre Größe, aber selbst das merkt sie nicht. Um eine Pflanze unsterblich zu machen, brauchst du nicht jeden Tag eine Kopie ihres Gehirns auf einer Diskette zu speichern – angenommen sie hätte überhaupt eins. Man braucht eigentlich nur ein Mal auf einer Diskette abzuspeichern, wie genau die Pflanze auszusehen hat, und fertig ist die Laube! Sollte die Pflanze sterben, dann kann man mithilfe der Diskette einfach wieder eine neue wachsen lassen – vorausgesetzt jedenfalls, dies alles wäre technisch möglich.

Und das Schöne ist, dass die Gene einer Pflanze genau so eine Diskette sind! Sie sind eine detaillierte Bauanleitung, in der steht, wie die Pflanze auszusehen hat – was will man mehr? Mithilfe der Gene kann man eine Pflanze in all ihrer Pracht erneut herstellen. Pflanzen sind unsterblich... dafür spricht einiges. Nun will ich hier nicht behaupten, Pflanzen seien tatsächlich unsterblich, aber ich behaupte sehr wohl, dass der Begriff Unsterblichkeit komplizierter ist, als es auf den ersten Blick scheint.

Es gibt Leute, die total auf alte Autos stehen – zwei Freunde von mir haben beide einen fantastischen, alten Citroen, der älter als zwanzig

Jahre ist. Solche Autos kann man restaurieren. Man nimmt sie vollkommen auseinander und ersetzt alles, was verschlissen ist. Ersatzteile kann man neu kaufen, aus anderen Citroens ausbauen, oder zur Not neu anfertigen lassen. Kann man sagen, solch ein Citroen ist unsterblich? Schließlich kann man ihn immer wieder restaurieren, Jahrhunderte lang zur Not. Die Frage aber ist, ob der Citroen, den man zehn Mal restauriert hat, noch derselbe ist wie der, den man damals das erste Mal gefahren hat.

Die Frage, ob Pflanzen unsterblich sind, ist eigentlich genauso schwierig wie die Frage, ob ein Citroen unsterblich ist. Am Ende hängt alles vom Standpunkt ab. Die Frage, ob wir unsterblich werden können, hängt von der Frage ab, wer wir sind – was genau muss fortleben, um uns unsterblich zu machen?

Wieso sterben wir?

Wieso sterben wir eigentlich? Ist es aus der Sicht der Evolution sinnvoll, dass wir sterben? Mit anderen Worten: Sind Pflanzen und Tiere, die sterben, evolutionär gesehen erfolgreicher als Pflanzen und Tiere, die weiterleben? Ich glaube nicht, dass man den Nutzen des Sterbens benennen kann. Aber es ist von der Evolutionstheorie aus gesehen verständlich, warum wir nicht ewig weiterleben.

Wir haben in einem vorherigen Kapitel gesehen, dass Eigenschaften, die viel Nachwuchs fördern, bestehen bleiben: Gene, die die Chance auf ihre eigene Vervielfältigung vergrößern, sind in der Evolution Gewinner. Junge Tiere, die gerade geboren sind, können noch keine Kinder bekommen. Ältere Tiere auch nicht mehr: Ältere Frauen zum Beispiel kommen in die Menopause, die »Wechseljahre«. Danach sind sie unfruchtbar. Alle Tiere und Pflanzen haben eine bestimmte Zeit, in der sie fruchtbar sind und Nachkommen produzieren können. Eigenschaften, die die

Chance vor oder in der Fruchtbarkeitsperiode zu überleben verbessern, vergrößern automatisch auch die Chance Nachwuchs zu zeugen. Nur Tiere, die die Kindheit überstehen, haben die Möglichkeit sich fortzupflanzen. Kleine Tiger können noch nicht selbst jagen und brauchen die Hilfe der Mutter, um an Futter zu kommen. Nur kluge Tiger, die von ihrer Mutter lernen können, wie man einen Hirsch oder eine Antilope fängt, können erwachsen werden. Dumme Tiger sterben aus.

Eigenschaften, die dem Überstehen der Kindheit zugute kommen, bleiben erhalten. Aber wie sieht es mit der Zeit nach der Fruchtbarkeit aus? Wieso sollte ein Tier, nachdem es Kinder bekommen hat, am Leben bleiben? Eine Zeitlang sicherlich, um sich um die Kinder zu kümmern, Essen für sie zu suchen, sie zu beschützen, und so weiter. Aber nach einiger Zeit ist das erledigt. Dann sind die Kinder erwachsen und selbstständig. Und wenn ein Tier dann auch noch unfruchtbar geworden ist, warum sollte es dann noch weiterleben? Was ist an ihm dann noch vorteilhaft? Warum soll eine Pflanze noch wachsen, wenn sie schon geblüht hat und nie mehr wieder blühen wird? Und aus welchem Grund sollte ein Tier weiterleben, wenn es bereits Kinder bekommen hat und unfruchtbar geworden ist? Aus keinem! Es gibt keinen Grund, wieso solche Pflanzen und Tiere noch weiterleben sollten, aber auch keinen, warum sie sterben müssten.

Kannst du dich noch an die Super-Küken erinnern? Super-Küken konnten um Längen besser überleben als normale Küken. Deswegen hatten die Super-Küken größere Chancen erwachsen zu werden als normale. Und konnten sich dann natürlich häufiger fortpflanzen. Super-Küken dominierten die Art und irgendwann einmal waren alle Küken Super-Küken.

Wie wäre das wohl mit Super-Omas und Super-Opas? Super-Omas und -Opas sind ganz normale Menschen, bis sie ungefähr sechzig sind – bis zu dieser Zeit kann man nämlich noch gar nicht erkennen, dass sie eigentlich Super-Omas und Super-Opas sind. Erst wenn sie um die sechzig sind, kommen ihre Super-Eigenschaften zur Geltung. Plötzlich sind sie stärker als ein durchschnittlicher Gewichtheber, werden nur noch selten krank und haben eine fantastische Ausdauer. Super praktische Eigenschaften also. Super-Omas und Super-Opas werden demnach auch im Durchschnitt älter als normale Omas und Opas.

Aber die tollen Eigenschaften einer Super-Oma und eines Super-Opas erhöhen für sie nicht die Chance, Nachwuchs zu zeugen: Sie haben bereits Kinder bekommen. Super-Oma kann keine Kinder mehr bekommen und Super-Opa braucht das auch nicht mehr so dringend.

Die fantastischen Eigenschaften von Super-Oma und Super-Opa haben keinen einzigen Einfluss auf die Fähigkeit, Kinder zu bekommen und ihre Super-Eigenschaften an die nächste Generation weiterzugeben. Natürlich werden die Kinder von Super-Oma und Super-Opa auch selbst wieder Super-Omas und Super-Opas sein, aber Super-Omas und Super-Opas bekommen nicht mehr Kinder als andere, und auch keine Kinder, die sich besser fortpflanzen können. Wie fantastisch Super-Omas und -Opas auch sein können: Sie werden keinen unauslöschlichen Einfluss auf die nächste Generation haben, wie etwa Super-Küken das hatten. Super-Omas und Super-Opas sind keine Trendsetter.

Super-Omas und Super-Opas haben evolutionär gesehen keinen einzigen Vor- oder Nachteil. Und genauso verhält es sich mit unsterblichen Omas und Opas. Wenn es ein Unsterblichkeits-Gen geben würde, dann würde dieses Gen seine eigene Vervielfältigung nicht fördern. Unsterblichkeit ist keine Eigenschaft, die sich in der nächsten Generation verstärken wird. Darum ist es nur zu logisch, dass wir sterben werden: Was mit uns geschieht, nachdem wir Kinder bekommen und sie großgezogen haben, ist aus Sicht der Evolution vollkommen egal.

Kurzum

Man kann unsterblich werden, indem man täglich eine Kopie seines Gehirns macht – falls es technisch möglich wäre, diese Kopie in einen anderen Körper zu verpflanzen.

Die Frage, ob man unsterblich werden kann, hängt unter anderem von der Frage ab, wer man ist – was genau müsste weiterleben, damit man unsterblich wäre?

Unsterbliche Wesen haben evolutionär gesehen keinen einzigen Vorteil gegenüber sterblichen Wesen.

Sex

*Elefant Fatale – Selbstvermarktung – Mann gegen Frau –
Homosexualität – Sex und Arten*

Schalte den Fernseher ein, studiere die Werbung, und du siehst Sex. Ein cooler Typ, der die Frauen nicht mehr los wird, weil er eine bestimmte Sorte Aftershave benutzt; ein hauchzartes Stück Toilettenpapier, das nur allzu deutlich zwischen den Beinen einer Frau verschwindet. Gespräche handeln von Sex, Zeitschriften handeln von Sex und Menschen haben Sex. Sex ist wichtig.

Für Pflanzen und Tiere ist Sex mindestens genauso wichtig wie für uns. Schon mal einen sprungbereiten Hengst gesehen? So ein Hengst will wirklich nur das eine, und er würde fast alles dafür tun, es zu bekommen. Es gibt sehr, sehr viele Beispiele von Pflanzen und Tieren, deren Leben im Zeichen von Sex steht. Ein schönes Beispiel ist die Breitfußbeutelmaus – ein kleines Mäuschen, dass in Australien lebt.

Geile Tiere

Wenn eine männliche Breitfußbeutelmaus ungefähr ein Jahr alt ist, bekommt sie einen riesigen Hodensack. Der macht dann ein Viertel ihres gesamten Körpergewichts aus; für einen durchschnittlichen Menschen wäre das ein Hodensack von circa 25 Kilogramm – das wäre das Gewicht eines Großbildfernsehers zwischen den Beinen! Das Männchen mit diesem riesigen Hodensack vögelt sich ungefähr zwei Wochen lang vollkommen um den Verstand; es hat mit jedem Weibchen, das es kriegen kann, Sex, und kriegt einfach nicht genug davon. Bis sein Hodensack leer ist. Und dann stirbt es. Zwei Wochen lang eine einzige, große Orgie, um danach vollkommen erschöpft zu sterben – was für ein Leben! Älter als ein Jahr wird ein Breitfußbeutelmausmännchen nicht; aber die Weibchen dagegen leben seelenruhig weiter. Sie bringen ihre Kinder zur Welt und ziehen sie groß.

Die Breitfußbeutelmaus ist natürlich ein extremes Beispiel, aber es wimmelt in der Natur von wollüstigen Männchen: Spinnen, die es riskieren vom Weibchen, dem sie sich nähern, aufgefressen zu werden (und es dennoch versuchen!), brünstige Hirsche, die mit ihren Geweihen gegeneinander kämpfen, um sich ein Weibchen zu angeln (mit den schlimmsten Verletzungen als Folge), und so weiter.

Es gibt eine Bambussorte, die in 120 Jahren einmal blüht, und direkt danach stirbt. Blühen ist Pflanzensex: das mit den Blüten und den Bienen, du weißt schon... Ein Blüte ist gewissermaßen das weit geöffnete Geschlechtsorgan der Pflanze; es ist der Versuch der Pflanze, Bienen anzulocken. Für den Bambus bedeutet das, dass er 120 Jahre warten muss, um einmal Sex zu haben! Aber scheinbar ist es das wert – sonst würde der Bambus es nicht tun!

Kurzum: Sex spielt in der Natur eine ausschlaggebende Rolle. Ist es merkwürdig, dass das zur Natur dazugehört? Wäre es nicht auch anders gegangen? Wäre es nicht auch möglich gewesen, Tiere weniger brünstig sein zu lassen? Nein! Dass Tiere und Pflanzen so geil sind, ist eine Folge des Evolutionsprinzips. Auch außerirdische Wesen, vom Mars oder einem anderen Science-Fiction-Ort, wären derart wollüstig. Jedenfalls dann, wenn die Evolution auch auf dem Mars stattfinden und sich diese Wesen ebenfalls sexuell fortpflanzen würden.

Es ist nämlich so: In der Natur haben erstens alle Tiere und Pflanzen ein schweres Leben – das bedeutet, dass nur die Superhelden unter den Tieren und Pflanzen überleben können. Und zweitens gibt es geschlechtliche Fortpflanzung – das bedeutet Sex. Nur die Tier- und Pflanzenarten werden überleben, die Superhelden im Sex sind.

Stell dir mal eine Tierart vor, in der Männchen und Weibchen nicht so scharf aufeinander sind und Fortpflanzung unwichtig finden; sie liegen ein bisschen im Gras herum, essen einen Happen und sind mit sich und der Welt zufrieden. Wenn diese Tiere vor rund 1 000 Jahren gelebt hätten, wären sie inzwischen höchstwahrscheinlich ausgestorben. Schließlich haben sie sich kaum fortgepflanzt! Das bedeutet nicht, dass es schlecht war, im Gras zu liegen, einen Happen zu essen und Sex an sich vorüber gehen zu lassen. Es bedeutet lediglich, dass man, wenn man vor allem im Gras herumliegt und selten Sex hat, wenig Kinder bekommt. Logisch, oder?

Elefant fatale

Und die Weibchen, wie steht es mit denen? Weibchen sind im allgemeinen weniger brünstig, aber sie sind nicht weniger aktiv. Denn Weibchen geben vielleicht nicht gerade ihr Bestes, um ein Männchen zu erobern, aber sie versuchen sehr wohl, auf Teufel komm raus das beste Männchen zu ergattern.

Elefanten sind ein gutes Beispiel dafür. Elefanten leben in einer Herde. Wenn ein Weibchen heiß ist, Sex will, dann sind genug willige Männchen vorhanden. Das Weibchen flirtet ein bisschen, und die Männchen reagieren sofort – klar haben sie Lust! Allerdings kann nur einer von ihnen drankommen. Das Weibchen fordert die Männchen ein wenig heraus, flirtet noch ein bisschen, stachelt sie an. Es ist ein richtiges Spiel. Und als Folge all dieser Herausforderungen fangen die Männchen an zu kämpfen. Um das Weibchen. Vom Standpunkt der Männchen ist das verständlich: Sie wollen schließlich alle, aber nur einer darf. Aber warum provoziert das Weibchen die Männchen derart – was für einen Vorteil zieht es daraus?

Indem das Elefantenweibchen die Männchen anstachelt und aufhetzt, miteinander zu kämpfen, kann es herausfinden, welches das stärkste ist.

Dieses Männchen wählt es aus, und es darf der Vater ihres Kindes sein. Denn die Chance ist groß, dass das Kind des starken Elefanten selbst auch ein starkes Kind wird! Und ein starkes Kind kann besser überleben, und wiederum selbst Kinder bekommen. Indem das Weibchen also das stärkste Männchen auswählt, vergrößert es die Überlebenschance ihres Kindes und damit die Chance, dass seine Gene an die nächste Generation weitergegeben werden können.

Das Elefantenweibchen ist sich dieser Taktik natürlich überhaupt nicht bewusst. Es macht einfach irgendetwas. Aber die Gene, die für sein Verhalten verantwortlich sind, erhöhen die Chance, dass sie an die nächste Generation weitergegeben werden. Es ist nicht so, dass sich das Elefantenweibchen unbedingt fortpflanzen möchte – als ob die nächsten Elefantengenerationen es etwas angehen würden! Nein, es ist schlicht und einfach so, dass das Verhalten des Weibchens die Chance auf Nachwuchs erhöht. Und als Folge davon wiederum bleibt dieses Verhalten bestehen.

Kannst du dich noch an das Gedankenexperiment mit den Kopierapparaten erinnern? Die Kopierer wurden von den Originalen, die in den Kopierern lagen, programmiert. Das Original mit der Anweisung, doppelt so schnell zu kopieren, sorgte dafür, dass es öfter kopiert wurde als die anderen Originale. Und es dauerte gar nicht lang und alle Kopierapparate kopierten doppelt so schnell und allesamt dasselbe Original. Ein Gen, das dafür sorgt, dass ein Elefantenweibchen die Männer anstachelt, ist genau wie ein Zettel auf einem Kopierer: Es vergrößert die Chance auf die eigene Vervielfältigung, und deswegen hat das Gen überlebt.

Selbstvermarktung

Ein Verhalten wie das des Elefantenweibchens, kann man in der Natur sehr häufig finden. Vogelweibchen, Fischweibchen, sie alle versuchen sich den besten Mann zu angeln. Sie benutzen die unterschiedlichsten

Methoden, um die Qualitäten eines Männchens zu bestimmen. So achten Vogelweibchen oft auf das Federkleid des Männchens. Je intensiver die Farben, um so besser das Männchen. Nun ist es natürlich nicht so, dass die Weibchen vor allem an den Farben der Federn interessiert sind. Ob das Männchen gut fliegen, Futter für die Küken fangen und ein Nest bauen kann, das sind viel wichtigere Eigenschaften – davon hat das Weibchen nämlich etwas. Na ja, aber an irgendetwas muss es sich halt orientieren; wie um Himmels Willen kann es denn im voraus wissen, ob ein Männchen ein gutes Nest bauen kann? Erst ein Praktikum absolvieren – das geht nun mal nicht. Dann eben doch das Federkleid!

Ein Männchen, das die fantastischsten Nester baut und von hier bis Tokio fliegen kann, aber alles andere als gut aussieht, hat Pech – für ihn gibt es kein Weibchen. Selbst in der Natur gilt: Selbstvermarktung lohnt sich! Ein Männchen, das die beste Werbung für sich machen kann, hat eine größere Chance sich fortzupflanzen als ein Männchen mit super Qualitäten, aber einer schlechten Werbekampagne.

Mann gegen Frau

Es gibt einen sehr allgemeinen Unterschied zwischen weiblichem und männlichem Verhalten – er zeigt sich, wenn es um Sex geht. Männer tun ihr Bestes, um so viele Weibchen wie möglich zu ergattern, und Weibchen tun ihr Bestes, um das tollste Männchen zu ergattern. Dieses Verhalten findet man bei sehr vielen Tierarten, und das ist eigentlich auch logisch.

Ein sehr wichtiger Unterschied zwischen Männchen und Weibchen besteht darin, dass Männchen Samen produzieren und Weibchen Eier. Ein Männchen hat im Allgemeinen viel mehr Samen, als ein Weibchen Eier hat. Die Männchen können ihre Samen also ungehemmt verbreiten, während die Weibchen sparsam sein müssen. Das ist eine große Ungleichheit zwischen den Geschlechtern, die natürlich Folgen hat.

Wenn man nur ein einziges Ei zur Verfügung hat – und danach neun Monate schwanger und währenddessen unfruchtbar ist, oder man keine weiteren Eier mehr hat, oder die Saison vorbei ist – dann wird man wohl oder übel vorsichtig mit diesem Ei umgehen. Nur die allerbesten Samen dürfen dieses Ei befruchten. Wenn es aber keinen Mangel an Eiern gibt, dann braucht man nicht so wählerisch zu sein: Dann ist das Motto, so viele Eier wie möglich befruchten zu lassen.

Ist das bei Menschen eigentlich auch so? Ist es bei Menschen so, dass Männchen so viel Sex wie möglich und Frauen Sex nur mit den besten Männern haben wollen? Ein bisschen scheint es schon so zu sein. Angenommen, man würde willkürlich einen Mann auf der Straße ansprechen, und ihn fragen, mit wie vielen von den nächsten zehn Frauen, die vorbeilaufen, er ins Bett gehen würde. Das würde man mit einer Reihe anderer Kerle wiederholen und sich merken, wie viele Frauen die Männer ausgewählt haben. Dann würde man das gleiche Experiment mit willkürlich ausgesuchten Frauen tun: Man fragt sie, mit welchen vorbeikommenden männlichen Fußgängern sie Sex haben wollten. Ich gebe dir Brief und Siegel darauf, dass die Frauen weniger Männer auswählen als umgekehrt. Probier es mal aus. Höchstwahrscheinlich wird dieses Experiment die männliche Strategie bestätigen: nämlich die, so viele Weibchen wie möglich zu befruchten.

Homosexualität

Einige Leute behaupten, Homosexualität sei unnatürlich. Was meinen sie wohl damit? Jedenfalls nicht, dass es sie in der Natur nicht gäbe, denn Homosexualität kommt durchaus vor. Wir sind allesamt »Natur« und es gibt eine ganze Menge Homosexuelle unter den Menschen. Darüber hinaus gibt es auch homosexuelle Affen, Delfine und andere Tiere. Meinen die Leute mit *unnatürlich* also eher *weniger oft vorkommend*? Wahrscheinlich nicht: Homosexualität kommt tatsächlich weniger häufig vor als das Gegenteil, die Heterosexualität, aber naturblondes Haar kommt auch weniger häufig vor als dunkles und ich glaube nicht, dass irgendjemand blonde Haare unnatürlich finden würde. Übrigens wären in dem Fall sogar Säugetiere unnatürlich: Schließlich gibt es sehr viel mehr Insekten und Bakterien als Säugetiere.

Nein, Menschen, die behaupten, dass Homosexualität unnatürlich ist, meinen vermutlich, dass Homosexualität der Absicht der Natur widerspricht. Wahrscheinlich behaupten einige Leute das, weil das eine oder andere bei Heterosexuellen besser zu passen scheint als bei Homosexuellen: Ein Pimmel passt in eine Vagina, während eine Vagina nicht in eine Vagina passt und ein Pimmel schon gar nicht in einen Pimmel. Daraus den Rückschluss zu ziehen, dass das eine sehr wohl beabsichtigt sei und das andere nicht, ist ein typisches Beispiel für den Drang der Leute, hinter allem einen Plan zu sehen. Aber Menschen sind nicht entworfen worden wie Autos zum Beispiel, und es ist nicht im voraus beabsichtigt gewesen, dass ein Pimmel und eine Vagina ordentlich ineinander passen.

Es ist keine Absicht gewesen, dass der allergrößte Teil der Tiere und

Menschen heterosexuell ist; es ist eine Folge. Es ist eine Folge der Tatsache, dass sich Heterosexuelle fortpflanzen können und Homosexuelle nicht – oder jedenfalls sehr viel schwieriger.

Es werden Zebras mit fünfzig und mit sechzig Streifen geboren, es werden weiße und hellbraune Eisbären geboren, Menschen mit blauen und mit braunen Augen, und es werden Heteros und Homos geboren. Ohne jede Absicht. Wenn jedoch eine Eigenschaft die Chance auf Fortpflanzung erhöht, dann ist es fast sicher, dass nach einiger Zeit der größte Teil der Art diese Eigenschaft übernommen hat. Und andersherum – wenn eine Eigenschaft die Chance auf Fortpflanzung verkleinert, wird sich diese Eigenschaft wahrscheinlich nicht bei der Mehrheit der Art durchsetzen. Und wie man es auch dreht und wendet, Homosexualität erhöht die Chance auf Fortpflanzung sicherlich nicht. Aber das ist auch schon alles; Homosexualität ist in keinerlei Hinsicht unnatürlich und verstößt gegen keinerlei Absicht. Eine derartige Absicht existiert nämlich gar nicht.

In diesem Kapitel ist uns der Begriff *natürlich* begegnet: ein interessanter Begriff. Naturschutzvereine kämpfen für *natürliche* Vielfalt – also dass unterschiedliche Pflanzen auf der Wiese wachsen, dass unterschiedliche Schmetterlingsarten herumfliegen, und mehr von diesen Sachen. Aber etwas in der Richtung wie *althergebrachte Vielfalt* trifft die Sache eigentlich besser. Es geht den Naturschützern überhaupt nicht darum, ob die Natur natürlich ist. Nein, es geht darum, dass die Natur schön ist mit ihren vielen unterschiedlichen Pflanzen und Tieren. Mit, genau wie früher, hier und da einer Sonnenblume und einem im Wasser herumplanschenden Blässhuhn. Wie in einer Art Freiluftmuseum. Aber nirgends steht geschrieben, Vielfalt sei natürlich: Wenn eine Vielzahl von Pflanzen und Tieren überleben können, dann gibt es Abwechslung in der Natur; und wenn nur einige Arten überleben können, dann wird es langweilig. Nicht mehr und nicht weniger.

Sex und Arten

Eine weitverbreitete und falsche Ansicht ist die, dass Pflanzen und Tiere leben und Sex haben, um sich fortzupflanzen – als ob es ein Lebensziel sei. Als ob ein Hengst sich fortpflanzen und die Pferderasse erhalten wolle. Ein sprungbereiter Hengst hat unter Garantie etwas anderes im Kopf als die nächste Generation. Lustvolle Tierarten sind schlichtweg die einzigen Tierarten, die übrig geblieben sind – ohne Grund, ohne Absicht. So ist es einfach gekommen, und es hätte auch gar nicht anders sein können.

Es heißt nicht: *Pflanzen und Tiere vermehren sich, um ihre Art am Leben zu erhalten*, sondern *Die einzigen Pflanzen- und Tierarten, die überlebt haben, sind die, deren Artgenossen sich fortpflanzen*. Jetzt kannst du natürlich denken, dass das alles kaum einen Unterschied macht und schlichtweg Haarspalterei ist, aber wir werden sehen, dass dieser kleine Unterschied sehr viel ausmachen kann. Wir werden den Unterschied zwischen beiden Sätzen ganz genau betrachten. Aber zuerst brauchen wir noch etwas mehr Klarheit über *Warum*, *Ziele* und Sachen, die *sich gehören*.

Ein Feuerwehrauto muss rot sein. Warum? Weil das ein ganz bestimmtes Ziel verfolgt! Das Ziel ist: Der Feuerwehrwagen soll im Verkehr auffallen (ich gebe zu, der Feuerwehrwagen hätte genauso gut orange oder rosa sein können). Ein Feuerwehrwagen ist rot, weil er im Verkehr auffallen muss. Feuerwehrwagen haben nicht dunkelblau zu sein.

Jetzt haben wir folgenden Satz: *Tiere vermehren sich, um ihre Art am Leben zu erhalten*. Stell diesen Satz jetzt einmal neben den Satz: *Feuerwehrautos sind rot, um im Verkehr aufzufallen*.

Tiere vermehren sich, um ihre Art am Leben zu erhalten.
Feuerwehrwagen sind rot, um im Verkehr aufzufallen.

Was rechts vom Wörtchen *um* steht, ist ein Ziel – das Ziel, das angestrebt wird. Man will erreichen, dass Feuerwehrautos im Verkehr auf-fallen. Wie versucht man dieses Ziel zu erreichen? Durch das, was rechts vom Wörtchen *um* steht: Autohersteller sorgen dafür, dass Feuerwehr-autos im Verkehr auffallen, indem sie sie rot spritzen lassen.

Wenn wir uns den ersten der beiden oben stehenden Sätze an-schauen, sehen wir, dass *die Art am Leben zu erhalten* das Ziel ist. Fort-pflanzung stimmt mit diesem Ziel überein – Fortpflanzung gehört sich. Der Satz bedeutet, dass es beabsichtigt ist, dass sich Tiere fortpflanzen.

Wenn man also sagt *Tiere vermehren sich, um ihre Art am Leben zu erhalten*, dann meint man indirekt, dass es Absicht ist, die Art am Leben zu erhalten. Dann sagt man also eigentlich *Tiere haben sich fort-zupflanzen!* Das ist ganz schön link; haben Menschen sich auch fort-zupflanzen? Sind kinderlose Ehepaare irgendwie »nicht richtig«? Das scheint eine logische Schlussfolgerung aus dem einen, kurzen Satz zu sein.

Du merkst, wohin dieser eine Satz alles führen kann. Doch zum Glück stimmt er nicht. Der Satz müsste lauten: Tierarten bleiben beste-hen, wenn sich ihre Angehörigen fortpflanzen. Ein kleiner Unterschied mit großen Folgen; denn aus dem letzten Satz kann man keineswegs schlussfolgern, dass kinderlose Ehepaare schlecht sind. Der subtile Unterschied zwischen diesen beiden Sätzen ist also nicht einfach bloß nutzloses Gefasel; er kann Einfluss auf das Denken über alltägliche Dinge haben.

In der Natur gilt, dass sich viele Organismen mithilfe von Sex fortpflan-zen (dies gilt im Besonderen für Tiere, die wir sehen können, wie Säuge-tiere, Vögel und Fische. Andere Organismen, wie Bakterien und einige Insekten, vermehren sich ohne Sex). Die, die sich fortpflanzen, sind die Trendsetter in der Natur. Wundert es dich da, dass es auf der Erde nur so von geilen Tieren wimmelt? Das geilste Tier pflanzt sich fort! Und wun-dert es dich da noch, dass Sex im Leben der Menschen eine so große Rolle spielt?

Menschen sind in der besonderen Position, das Joch der Natur von sich abwerfen zu können: Geburtenregelung ist ein Beispiel dafür. Obwohl sie nicht vom Papst gepredigt wird. Gott sagte zu Adam und Eva, als er ihnen das Paradies schenkte: »Geht hin und mehrt euch«. So steht es in der Bibel. Eine sehr deutliche Empfehlung, sich tüchtig fortzupflanzen. Eine Empfehlung, die man sich hier und da noch immer zu Herzen nimmt: Nicht umsonst verbietet der Papst Kondome. Geht hin und mehrt euch – Geburtenförderung statt Geburtenkontrolle!

Eine kluge Strategie des Papstes. Es ist in seinem Interesse, dass es der katholischen Kirche so gut wie möglich geht – dazu ist er schließlich Papst. Und je mehr Kirchenmitglieder es gibt, um so besser. All diese katholischen Kinder bekommen – wenn sie erwachsen sind – natürlich auch wieder katholische Kinder. Eine praktischere Methode, um die Anzahl der Kirchgänger zu erhalten, gibt es nicht. Der Papst würde sich ins eigene Fleisch schneiden, wenn er Geburtenregelung predigen würde – das würde zulasten seiner weltweiten Gemeinde gehen.

Natürlich können wir die Botschaft des Papstes links liegen lassen und doch Geburtenkontrolle betreiben. Im Prinzip könnten wir sogar beschließen, uns nur noch durch künstliche Befruchtung fortzupflanzen. Stell dir mal vor, dass das irgendwann einmal beschlossen würde. (Man kann nie wissen: In einigen Science-Fiction-Filmen gibt es das bereits.) Vielleicht verliert dann auch der Sex die große Rolle, die er in unserer Gesellschaft spielt. Vielleicht werden dann keine Pornos mehr angeguckt und verschwindet all die Nacktheit aus der Werbung. Wahrscheinlich kommt stattdessen etwas anderes. Wer weiß, vielleicht darf man sich in dieser Science-Fiction-Gesellschaft nur noch künstlich fortpflanzen, wenn man die richtigen politischen Freunde hat. Vielleicht hat das dann ja zur Folge, dass in dieser Gesellschaft die Menschen eine viel größere, politische Begabung haben.

Kurzum

Auf der Erde wimmelt es von wollüstigen Wesen als Folge der Tatsache, dass sich die wollüstigsten Wesen am besten fortpflanzen.

Männchen – mit ihrem unbegrenzten Vorrat an Samen – verhalten sich anders als Weibchen – die sparsam mit ihren Eiern umgehen. Aber das Verhalten der Weibchen, sowie der Männchen, steht im Zeichen der Weitergabe von Genen.

Homosexualität ist nicht unnatürlich. Es ist lediglich so, dass Homosexualität evolutionär gesehen weniger erfolgreich ist als Heterosexualität, weil sich Homosexuelle nun einmal nicht fortpflanzen.

Es ist falsch, dass Pflanzen und Tiere sich fortpflanzen, um die Art am Leben zu erhalten. Es ist schlichtweg so, dass die einzigen Pflanzen- und Tierarten, die übriggeblieben sind, die Arten sind, die sich fortgepflanzt haben.

Für das einzelne Pferd ist es unbedeutend, ob die Art bestehen bleibt.

Familienbande

*Warum man seine Geschwister liebt –
Eltern-Kind-Beziehung – Wie man sich fortpflanzt,
ohne Kinder zu bekommen*

Für fast jeden auf der Welt sind Familienbande etwas Besonderes – Familie hat einen anderen Stellenwert als die besten Freundschaften. Auf deine Familie kannst du immer zählen. Deine Geschwister bleiben immer deine Geschwister, und selbst nach dem schrecklichsten Streit wird meistens doch alles wieder gut. Und egal wie bunt du es treibst, deine Eltern gehen mit dir durch dick und dünn.

Familienbande haben in der ganzen Welt auch einen offiziellen Status. Zum Beispiel erben in vielen Ländern Kinder per Gesetz die Besitztümer der verstorbenen Eltern: nicht etwa die besten Freunde der Eltern, sondern die Kinder.

Wie kommt das? Wie kommt es, dass ein derart besonderes Band zwischen Familienmitgliedern besteht? Einerseits liegt es sicherlich daran, dass man in seinem Leben mit seinen Familienangehörigen sehr, sehr intensiven Kontakt hat oder gehabt hat: Die ersten Lebensjahre verbringt man gemeinsam mit seinen Geschwistern, und niemand ist einem vertrauter als die eigenen Eltern. Dagegen kann keine Freundschaft ankommen. Aber es gibt noch einen fundamentalen Unterschied zwischen Freunden und Familie: Mit den Familienmitgliedern hat man unter Garantie gemeinsame Gene.

Die Gene deines Körpers stammen zur einen Hälfte von deiner Mutter und zur anderen Hälfte von deinem Vater. Bei deinen Geschwistern ist es genauso, sie haben ihre Gene von denselben Menschen bekommen wie du. Logisch also, dass du und deine Geschwister einige Gene gemeinsam haben – deswegen seht ihr euch auch so ähnlich. Und das Gleiche gilt – allerdings in geringerem Maße – für Cousins und Cousinen. Ein Cousin hat eine Oma und einen Opa mit dir gemeinsam, und ihr habt beide einige Gene derselben Großeltern geerbt. Und wahrscheinlich, ohne dass du dir dessen bewusst bist, hat diese Tatsache einen großen Einfluss auf die Beziehungen zwischen Verwandten.

Das Hilf-deinen-Geschwistern-Gen

Stell dir mal vor, du hättest ein Gen, auf dem steht: *Hilf-deinen-Geschwistern* (so ein Gen gibt es nicht wirklich: Gene sind schließlich viel komplizierter aufgebaut, aber wir tun einfach mal so, und für unsere Geschichte spielt es weiter keine Rolle). Dieses Gen sorgt dafür, dass du deiner Familie gegenüber sehr loyal bist und in der Tat deinen Geschwistern regelmäßig hilfst. Und jetzt stell dir mal vor, dass du eines Tages in folgende, schwierige Situation gerätst: Zwei deiner Schwestern und zwei deiner Brüder sind in einen Fluss gefallen und kurz vorm Ertrinken. Du könntest ihnen helfen, indem du ins Wasser springst, aber die Chance, dabei selbst zu ertrinken, ist groß. Was tust du? Du hast das Hilf-deinen-Geschwistern-Gen in dir und deswegen springst du ins Wasser; so bist du nun mal programmiert. Es gelingt dir tatsächlich, deine Familie zu retten, aber leider ertrinkst du selbst dabei. Das ist nicht wirklich praktisch – was für ein beschissenes Gen! Dieses Gen und das hilfsbereite Verhalten, das es fördert, ist nicht gerade vorteilhaft für deine Überlebenschancen. Es könnte sogar tödlich sein. Wir wissen, dass die Evolution dafür sorgt, dass sich Eigenschaften, die fürs Überleben nützlich sind, durchsetzen. Wird also das Hilf-deinen-Geschwistern-Gen aufgrund des Evolutionsprozesses irgendwann vom Erdboden verschwunden sein? Nein, das ist absolut nicht der Fall.

Denn... durch die Rettung deiner Geschwister ist zwar ein Hilf-deinen-Geschwistern-Gen verloren gegangen (deins nämlich), aber es sind auch zwei gewonnen worden! Ein paar deiner Geschwister haben nämlich vermutlich ebenfalls das Hilf-deinen-Geschwistern-Gen.

Weil deine Geschwister ihre Gene von denselben Eltern wie du bekommen haben, stimmen eure Gene zu 50 Prozent überein. Allen Erwartungen nach sind zwei deiner Geschwister ebenfalls Anhänger der Hilf-deinen-Geschwistern-Lebensweise. Vom Nettoerlös her gesehen hat deine Heldentat die Anzahl der Hilf-deinen-Geschwistern-Mitglieder also vergrößert: Wenn du nicht gesprungen wärst, wären zwei verloren gegangen, und weil du eben doch gesprungen bist, ist nur eins verloren gegangen – ein Nettogewinn von einem Hilf-deinen-Geschwistern-Gen. Auf diese Weise ist das Hilf-deinen-Geschwistern-Gen eine Eigenschaft, die sich selbst erhält. Du hast es dann zwar nicht überlebt, die Eigenschaft selbst aber schon. Aus der Sicht der Evolutionstheorie ist es deswegen auch verständlich, wieso einige Menschen ihren Geschwistern mehr helfen als andere.

Übrigens hat das Hilf-deinen-Geschwistern-Gen durchaus ein paar Haken. Das Gen wirkt zum Beispiel nur dann, wenn du deine Geschwister von anderen Menschen unterscheiden kannst. Nun ist dies bei Menschen sehr wohl der Fall, aber sehr viele Tiere können ihre Familienmitglieder nicht von irgendwelchen Dahergelaufenen unterscheiden. Bei diesen Tierarten funktioniert die Hilf-deinen-Geschwistern-Geschichte auch nicht. Diese Tiere gehen mit Familienmitgliedern auf dieselbe Weise um wie mit Fremden.

Der Grund, warum das Hilf-deinen-Geschwistern-Gen bestehen bleibt, ist derselbe, warum Hengste immer bereit sind, eine Stute zu besteigen. Diese »Sprungbereitschaft« bei Hengsten ist eine Eigenschaft, die – zumindest teilweise – genetisch festgelegt ist. Stark vereinfacht könnte man sich vorstellen, es würde ein Gen geben, auf dem stünde: *Sprungbereit*. Das Gen sorgt dafür, dass sich der Hengst häufig fortpflanzt; und eine Folge davon ist, dass das Sprungbereit-Gen auch bei vielen Nachkommen zu finden sein wird. Sprungbereitschaft ist eine Eigenschaft, die sich selbst erhält und sogar verstärkt: Ein Sprungbereit-Gen in der einen Generation sorgt für mehrere Sprungbereit-Gene in der nächsten Generation, und so weiter. Eigenschaften wie Sprungbereitschaft, die sich selbst erhalten oder verstärken, sind schwer auszurotten.

Denk nur mal an die Geschichte der Kopierer, die durch einen Zettel programmiert wurden, doppelt so schnell zu kopieren wie andere. Dieser Zettel wurde doppelt so schnell vervielfältigt wie die anderen und war dadurch unschlagbar. Genau das Gleiche gilt für das Hilf-deinen-Geschwistern-Gen: Es ist ebenfalls ein Gen, dass dafür sorgt, öfter vervielfältigt zu werden als andere Gene. Dadurch ist es eins der Sieger der Evolution.

All das erklärt zum Teil, wieso viele Tiere und Menschen eine so starke Beziehung zu ihren Geschwistern haben. Natürlich spielen dabei noch viel mehr Dinge eine Rolle: Du kennst deine Geschwister länger als wen auch immer, und ihr wurdet auf ungefähr ähnliche Weise erzogen. Auch dies sind Dinge, die ein starkes Band zwischen euch haben entstehen lassen – genauso wie die Mechanismen der Evolution.

Honey, I ate the kids

Stell dir mal vor, du wärst schon etwas älter und hättest eine Beziehung mit jemandem, der bereits eine Tochter aus einer vorherigen Beziehung hat. Diese Tochter ist ein sehr liebes Mädchen, aber ab und an meckert sie auch herum. Würdest du das akzeptieren? Würdest du dir von ihr genauso viel gefallen lassen wie von einer eigenen Tochter? Du vielleicht schon, aber der Durchschnittsbürger nicht. Der Durchschnittsbürger hat für seine eigenen Kinder mehr übrig als für die Kinder anderer Leute. Das kann man in Untersuchungen sehen und auch in Märchen.

Wir kennen alle das Märchen von Aschenputtel und ihrer bösen Stief-mutter. In diesem Märchen liebt die Mutter ihre eigene Tochter mehr als das liebe Aschenputtel, das sie immer wieder erniedrigt. Das Märchen ist ein Extremfall. Aber es gibt noch viel extremere Fälle, vielleicht nicht unbedingt bei Menschen, aber zum Beispiel bei Löwen.

Löwen leben in Gruppen von zehn bis fünfzehn Tieren. Solch eine Gruppe besteht aus einer Reihe erwachsener Weibchen, einem erwachsenen Männchen und einigen Kindern. Das Männchen ist der Vater aller Löwenkinder. Nun kann es passieren, dass das Männchen von einem anderen, jüngeren Löwen herausgefordert wird, der die luxuriöse Position des älteren Männchens gerne übernehmen würde. Sollte es dem jüngeren Männchen gelingen, den älteren Rivalen zu vertreiben, dann wird eines der ersten Dinge, die es tun wird, sein, die jüngsten Löwenbabys aufzufressen. So bunt hat es die Stiefmutter von Aschenputtel nicht getrieben!

Das Verhalten des Löwen ist verständlich. Solange ein Löwenweibchen noch ein Junges säugt, kann sie keine neuen Kinder bekommen. Sobald sie zu säugen aufhört, ist sie wieder fruchtbar. Wenn also das neue Männchen alle jungen Löwen, die noch Muttermilch bekommen, tötet, kann es sofort mit dem eigenen Nachwuchs beginnen. Das Männchen hat zwei Möglichkeiten. Erstens: Es lässt die Jungen des Konkurrenten leben und wartet bis sie älter sind und keine Muttermilch mehr brauchen (aber das kann durchaus ein paar Monate dauern), oder zweitens: Es tötet die Jungen und schwängert die Mütter sofort.

Du ahnst es schon: Oft gewinnt die zweite Möglichkeit. Die garantiert nun mal die meisten Nachkommen für das Löwenmännchen. Der Löwe ist sich dessen nicht etwa bewusst – dieses Verhalten hat sich schlichtweg eingeschliffen, weil es erfolgreich ist. Man muss vielleicht im ersten Moment schlucken, wenn man davon erfährt, aber eigentlich ist alles unglaublich einfach gestrickt.

Nur das Verhalten überlebt, das beim Überleben hilft – nicht mehr und nicht weniger. Und auch Familienbeziehungen sind diesem Prinzip unterworfen. Bei allen Tierarten, nicht nur bei Löwen. Bei Löwen ist es vielleicht deutlicher zu sehen als bei anderen Arten, aber für alle gilt dasselbe: Familienbeziehungen sind für die Familienmitglieder vorteilhaft, weil sie ihre Gene verbreiten helfen. So hat es sich durch die Evolution entwickelt.

In der Natur ist es ein sehr weitverbreitetes Muster, dass Tiere für die eigenen Kinder mehr übrig haben als für die Kinder anderer: Evolutionstheoretisch gesehen ist das ja auch logisch. Auch manche Menschen zeigen dasselbe Verhalten: Sie lieben ihre eigenen Kinder mehr als ihre Stiefkinder. Wieso, um Himmelswillen? Was könnte der logische Grund sein, die eigenen Kinder zu bevorzugen? Einen solchen Grund gibt es überhaupt nicht! Der einzige Grund ist ein biologischer – der bei Tieren zutrifft, wie bei Löwen und anderen.

Doch zum Glück ist unsere Biologie nicht das einzige, was uns beeinflusst. Wir lassen uns auch von unserem Verstand, unserer Moral und natürlich vor allem von unseren Gefühlen leiten. Deshalb können wir Menschen auch Kinder sehr lieben, die nicht mit uns verwandt sind. Wir können in einer Familie glücklich sein, in denen nicht alle Mitglieder genetisch miteinander verwandt sind. Wir Menschen können Verwandtschaft eben auch »wählen«!

Kinderlose Fortpflanzung

Du möchtest deine Gene an die nächste Generation weitergeben. Wie stellst du das an? Kinder bekommen! Aber wirklich notwendig ist das nicht. Du kannst deine Gene an die nächste Generation auch weitergeben, ohne Kinder zu bekommen. Wie? Indem du Schwestern und Brüder anstelle von Kindern bekommst. Deine Geschwister ähneln dir, genetisch gesehen, genauso viel wie deine Kinder – falls du welche hast.

Genetisch gesehen ähneln dir deine Geschwister, weil ihr (meistens jedenfalls) allesamt von derselben Mutter und demselben Vater abstammt. Wenn du lange genug tüchtig quengelst und es dir gelingt, deine Eltern zu überreden, noch ein Kind zu bekommen, sorgst du dafür, dass von deinen Genen noch mehr auf die Welt kommen. Genau genommen gibst du also auf diese Art und Weise, über die Eltern, deine Gene weiter. Für Menschen gilt, dass sich, genetisch gesehen, Geschwister in gleichem Maße ähneln wie Eltern und Kinder. Deswegen ist eine Schwester oder ein Bruder zusätzlich genauso praktisch wie ein eigenes Kind.

Aber es wäre natürlich noch interessanter, wenn du deinen Geschwistern genetisch stärker ähneln würdest als deinen eigenen Kindern. In ganz seltenen Ausnahmefällen kommt das in der Natur sogar vor – bei einigen Bienen zum Beispiel. Bienen leben zu Zehntausenden in einem sogenannten Stock zusammen. Dieser Bienenstock besteht zum größten Teil aus Weibchen. Männchen gibt es kaum und sie spielen auch nur eine untergeordnete Rolle in der Bienengesellschaft. Diese Weibchen sind genetisch gesehen am engsten mit ihren Schwestern verbunden. Sie bekommen nämlich selbst keinen Nachwuchs. Ein Bienenweibchen kann ihre Gene viel besser weitergeben, indem sie sich gut um ihre Mutter kümmert und sie ordentlich verwöhnt, damit sie noch mehr Schwestern macht. Das ist nämlich genau das, was Bienen tun: Alle Bienen in einem Stock richten ihr Leben vollkommen auf die Mutter aus. Schlimmer noch, im ganzen Stock gibt es überhaupt nur eine einzige Mutter – die Königin. Alle anderen Weibchen sind Schwestern und ihr Leben steht im Zeichen der Versorgung dieser einen Königin, ihrer gemeinsamen Mutter.

Verrückt, nicht wahr, dass die Familienbande, die Bienen haben, von der einen außergewöhnlichen Eigenschaft abhängen, dass Bienenschwestern einander mehr ähneln als Bienenmutter und -kind. Damit haben wir die Geschichte auf den Punkt gebracht: Familienbeziehungen entstehen als Folge der biologischen Umstände. Familienbeziehungen entstehen durch die Evolution, weil sie für die Verbreitung der Gene vorteilhaft sind.

Kurzum

Es gibt einen grundsätzlichen Unterschied zwischen Freunden und Familienangehörigen: Mit Familienangehörigen hat man gemeinsame Gene, wenn man biologisch mit ihnen verwandt ist.

Man kann seine Gene auf unterschiedliche Weise weitergeben: indem man Kinder bekommt, aber auch, indem man seinen Familienangehörigen hilft oder mehr Geschwister bekommt.

Beziehungen innerhalb einer (Tier-)Familie haben einen besonderen Stellenwert, weil Familienangehörige gewöhnlich gemeinsame Gene haben.

Die kulturelle Evolution

Dass man sich nicht an Genen festbeißen soll –
Die Evolution der Ideen – Survival of the fittest

Kannst du dich noch an das Krokodilweibchen aus einem früheren Kapitel erinnern? Sie hatte ein Gen, dass bei ihr für einen unglaublich großen Kinderwunsch sorgte: das *Kinderwunsch-Gen*. Dieses Gen war in gewissem Sinn ein sehr praktisches Gen, weil es an seiner eigenen Vervielfältigung mitarbeitete: Das Krokodilweibchen bekam durch das Kinderwunsch-Gen eine Menge Kinder, und viele von ihnen hatten wiederum das Kinderwunsch-Gen und bekamen viele Kinder. Und so weiter und so weiter.

Aber gibt es eigentlich wirklich solche Gene – Kinderwunsch-Gene? Das wissen wir nicht, und ich glaube ehrlich gesagt nicht daran. Gene sind nämlich viel detaillierter: Ein Gen sagt nicht *Kinderwunsch*. Ein Gen sagt viel eher etwas in der Richtung wie *Dieser Stoff muss produziert werden, wenn jener Stoff vorhanden ist.*

Indirekt, über allerlei Umwege, kann dieser Stoff dann einen positiven oder negativen Einfluss auf den Kinderwunsch haben. Sollte dem so sein, sagt das Gen indirekt: *Wenn diese und jene Voraussetzungen erfüllt sind, dann gibt es einen minikleinen Kinderwunsch extra.* Und das ist schon genug. In diesem Fall nämlich verstärkt das Gen seine eigene Vervielfältigung. Das ist nämlich genauso wie beim Armdrücken: Wenn der eine ein kleines bisschen stärker ist als der andere, dann gewinnt er. Wenn ein Gen einen winzig kleinen Einfluss auf seine eigene Vervielfältigung hat, dann wird es der Gewinner sein und andere Gene übertrumpfen.

Ein Beispiel: Stell dir vor, du hättest ein Sparkonto mit hundert Euro. Für dein Erspartes erhältst du einen Minimum-Zinssatz von einem zehntel Prozent. Das ist wirklich sehr wenig, denn normalerweise bekommt man für sein Erspartes mindestens ein paar Prozent. Nach einem Jahr bekommst du zehn Cent auf dein Konto überwiesen – alle Achtung! Aber nach ungefähr 2 000 Jahren hast du 1 000 Euro auf deinem Konto; zehn Mal so viel wie vorher. Und wenn du noch etwas länger warten würdest – insgesamt, sagen wir mal, um die 9 000 Jahre – dann wärst du sogar Millionär! Zugegebenermaßen eine ganz schön lange Zeit, aber immerhin...

Wenn du etwas weniger Zinsen bekommen würdest, dann läge der Fall ganz anders. Angenommen, du würdest einen Zinssatz von Minus einem zehntel Prozent bekommen – das ist beinah kein Unterschied zu einem positiven Zinssatz. Dein Erspartes würde ganz, ganz langsam immer weniger werden. Nach 9 000 Jahren hättest du noch genau einen einzigen Cent auf deinem Konto. Der Unterschied zwischen einem Millionär und einem armen Schlucker wäre durch einen minimalen Zinsunterschied verursacht worden.

Und genauso sieht es bei den Genen aus: ein Gen mit einem minimalen positiven Einfluss auf seine eigene Vervielfältigung wird überleben, und zwar auf Kosten der Gene, die diesen Einfluss ein bisschen weniger haben.

Noch ein Krokodilweibchen

Ein Krokodilweibchen mit einem Kinderwunsch-Gen bekommt viele Kinder. Auf diese Weise vervielfältigt sich das Kinderwunsch-Gen selbst wie eine nicht zu stoppende Flutwelle von Generation zu Generation. Aber beiß dich nicht an den Genen fest: Es ist auch eine Variante dieser Geschichte denkbar, in der Gene überhaupt keine Rolle spielen.

Stell dir mal ein Krokodilweibchen vor, das auf eine merkwürdige Idee kommt – es ist ein Krokodilweibchen, das kein Kinderwunsch-Gen besitzt. Es ist ihm trotzdem wichtig, Kinder zu bekommen. Natürlich bekommt es auch Kinder und denen bringt es zwei Sachen bei. Erstens: Es ist superwichtig, Kinder zu bekommen. Und zweitens, dass sie das ihren Kindern ebenfalls beibringen müssen. Das Krokodil hat brave Kinder, die sich die Lektion ihrer Mutter gut hinter die Ohren schreiben. Eins nach dem anderen merken sie sich: *Es ist wichtig, Kinder zu bekommen*. Und eins nach dem anderen bekommt einen Haufen Kinder.

Die zweite Lektion haben sie sich ebenfalls gut gemerkt: Sie bringen ihren Kindern – den Enkelkindern des ersten Krokodilweibchens – bei, ebenfalls viele Kinder zu bekommen und diese Familientradition zu pflegen. Und so geht das immer weiter.

Das erste Krokodil – das Krokodilweibchen mit der merkwürdigen Idee – bekommt jede Menge Kinder und Enkelkinder. Und diese Kinder und Enkelkinder bekommen auch alle wieder eine ganze Reihe Kinder und Enkel, weil alle die merkwürdige Idee ihrer Oma übernommen haben; die Idee, dass es wichtig ist, Kinder zu bekommen. Und schon erobert diese Idee die gesamte Krokodilart. Ganz einfach, weil Kinder ohne diese Überzeugung weniger Krokodilkinder bekommen.

Dem Krokodilweibchen mit der Idee passiert genau dasselbe wie dem Krokodilweibchen mit dem Kinderwunsch-Gen. Aber in der zweiten Geschichte wird die Kinderwunsch-Eigenschaft nicht durch Gene vererbt, sondern durch Weitererzählen: Von der Mutter an die Tochter und den Sohn.

Genau genommen sagt die Evolutionstheorie auch gar nichts über Gene. Die Evolutionstheorie behauptet ganz sicher nicht, dass alles von Genen bestimmt wird. Die Evolutionstheorie sagt, dass Dinge, die sich selbst besser vervielfältigen können, am Leben bleiben. Dabei ist es ganz egal, ob diese Vervielfältigung nun über Gene, über Mund-zu-Mund-Propaganda oder auf eine andere Weise geschieht!

Die Evolution der Ideen

Die Evolutionstheorie besteht aus drei wichtigen Zutaten: (1.) verschiedene Organismen werden willkürlich geboren; (2.) unter diesen Organismen herrscht starke Konkurrenz; (3.) der Mechanismus der Vererbung sorgt dafür, dass Eigenschaften der Eltern an die Kinder weitergegeben werden.

Die Vererbung kann über Gene stattfinden. Aber wir haben gerade bei dem Krokodilweibchen gesehen, dass die Vererbung einer Idee über Mund-zu-Mund-Propaganda geschah statt über Gene. Das verrückte daran ist, dass diese drei Zutaten der Evolutionstheorie nicht nur für Pflanzen und Tiere gelten, sondern auch für Ideen: Erstens werden willkürlich unterschiedliche Ideen von Hinz und Kunz vorgeschlagen; zweitens herrscht zwischen den einzelnen Ideen Konkurrenz, in dem Sinn, dass nur die Ideen übrig bleiben, die scheinbar etwas taugen; und drittens pflanzen sich Ideen ja auch fort – nämlich mithilfe der Kommunikation.

Der wichtigste Unterschied bei der Evolution der Ideen – man nennt sie auch »kulturelle Evolution« – ist der, dass sie viel schneller geht als die biologische Evolution. Wenn du eine sehr praktische Eigenschaft hast – du kannst zum Beispiel sehr schnell laufen – dann kannst du diese Eigenschaft an deine Kinder weitergeben. Und deine Kinder können diese Eigenschaft über die Gene wiederum an ihre Kinder weitergeben, und so weiter. Aber es wird noch sehr lange dauern, bevor die Menschheit im Durchschnitt schneller laufen kann – das wirst du nicht mehr erleben. Aber eine gute Idee kannst du jedem erzählen, nicht nur deinen Kindern. Hauptsache, deine Idee ist gut, vielleicht sogar brillant, denn dann wirst du erleben können, wie sie die ganze Welt erobert.

Die Welt der Ideen ändert sich viel schneller als die Welt der Biologie. Das kannst du dir wahrscheinlich denken! Nehmen wir mal die Savanne, in der Elefanten und Giraffen leben. Sie hat sich in den letzten hundert Jahren kaum verändert: Es regnet dort vielleicht etwas mehr oder weniger und die Savanne ist im Laufe der Zeit etwas kleiner geworden, aber die Savanne von vor hundert Jahren ist der Savanne von heute noch immer sehr ähnlich. Vergleiche das einmal mit einer Stadt – einer Welt der Ideen. Die Mode ändert sich jedes Jahr um vieles mehr als eine Savanne in hundert Jahren. Eine Stadt von vor hundert Jahren ist mit einer heutigen Stadt nicht mehr zu vergleichen. Und als du klein warst, sah die Welt ganz anders aus als heute: Es gab andere Häuser, andere Autos und weniger Computer. Das liegt daran, dass sich Ideen evolutionstheoretisch viel schneller verändern als Pflanzen und Tiere – weil die Vererbung nicht von Eltern auf Kinder geschieht, sondern von jeder x-beliebigen Person auf eine andere.

Survival of the fittest

Vielleicht kennst du ja den bekannten Ausdruck *Survival of the fittest*. *Survival of the fittest* ist eine knappe Zusammenfassung der Evolutionstheorie. Wortwörtlich übersetzt heißt das: Der Fitteste überlebt. Das Wort *fit* ist ein bisschen schwierig: Es bedeutet *passend* oder *angepasst*, *kompetent* oder *gute Kondition* – wie das deutsche Wort *fit*. Man will damit ausdrücken, dass die Pflanzen- und Tierarten, die am fittesten sind und sich ihrer Umgebung am besten angepasst haben, am besten überleben. Die Evolutionstheorie behauptet nicht, dass die Stärksten überleben oder die Schlausten oder die Schönsten, nein... die Fittesten. Und die Fittesten heißt schlichtweg diejenigen, die am besten überleben können. Und damit sind wir wieder am Anfang angekommen: Die Pflanzen- und Tierarten, die am besten überleben können, werden überleben. Logisch, natürlich!

Der Ausdruck *Survival of the fittest* ist so unglaublich einfach, dass er einfach stimmen muss. Die Sachen, die am besten sind im Übrigbleiben, werden übrigbleiben. Alle Dinge, die es zur Zeit gibt, und die es vor einiger Zeit auch schon gab – Pflanzen- und Tierarten, Verhaltensmuster, Regeln, Betriebe, Organisationen, Ideen, Apparate – all diese Dinge gibt es noch, weil sie in gewisser Weise gut im Übrigbleiben sind. Das ist alles, so einfach funktioniert das!

Evolution gibt es auch ohne Gene – Gene hatte man zur Zeit, als Darwin die Evolutionstheorie entwickelt hat, noch gar nicht entdeckt. Seit kurzem interessiert sich die Wissenschaft außerordentlich für Gene. Man versucht alles Mögliche genetisch zu erklären. So wird zum Beispiel derzeit bei unterschiedlichen Krankheiten untersucht, ob sie einen genetischen Ursprung haben. Es gibt Leute, die untersuchen, ob Intelligenz genetisch bestimmt ist – ob es ein *Intelligenz-Gen* gibt. Aber die Evolutionstheorie steht und fällt nicht mit solchen Untersuchungen.

Eigenschaften, die sich selbst besser vervielfältigen können, bleiben übrig: Das gilt für Pflanzen und Tiere, aber auch für Ideen und andere Sachen. Ob die Vervielfältigung nun über Gene, über Mund-zu-Mund-Propaganda oder auf eine andere Weise geschieht, ist egal.

Kurzum

Die Evolutionstheorie sagt auf keinen Fall, dass alles genetisch bestimmt wird.

Beiß dich nicht an Genen fest. Eigenschaften, die sich gut vervielfältigen können, werden bestehen bleiben – egal, ob diese Vervielfältigung über Gene, Mund-zu-Mund-Propaganda oder auf andere Weise geschieht.

Die kulturelle Evolution geht viel schneller als die biologische – weil die Vererbung nicht von den Eltern auf die Kinder übergeht, sondern von jedem x-Beliebigen auf einen anderen.

Verhalten

Die Evolution des Verhaltens – Individuelles Verhalten – Gruppenverhalten

Wie sich ein Tier verhält, wird durch das bestimmt, was das Tier gelernt hat, aber auch durch das, was auf den Genen des Tieres steht. (Dieses Kapitel handelt nur von Tieren und nicht von Pflanzen: Das Verhalten von Pflanzen ist nämlich im Allgemeinen ziemlich langweilig.) Wenn eine Meeresschildkröte aus dem Ei schlüpft, tappt sie sofort ins Meer – ohne dass Mutter oder Vater oder sonst wer ihr das beigebracht hätte. Ein Menschenbaby kann nach der Geburt sofort Milch aus einer Brustwarze saugen – dieses Verhalten muss man ihm nicht beibringen. Und so gibt es eine Reihe von Beispielen für Verhaltensweisen, die genetisch festgelegt sind. Wie auch immer, es ist schwierig, die Grenze zwischen physischen Eigenschaften und Verhaltenseigenschaften zu ziehen: Wenn ein Arzt mit einem Gummihämmerchen gegen dein Knie schlägt, wippt dein Bein in die Höhe. Ist das ein Verhalten oder eine Körpereigenschaft? Wie man es auch drehen mag: Nicht nur physische Eigenschaften werden durch den Evolutionsprozess verändert, auch Verhaltensweisen ändern sich fortwährend.

Individuelles Verhalten

Gewinner mit physischen Eigenschaften, die die Chance zu überleben erhöhen, werden einen Trend setzen, und ihre Eigenschaften werden schlussendlich von den meisten Artgenossen übernommen werden.

Dasselbe gilt für Gewinner, die über praktische Verhaltensweisen verfügen. Dieses Verhalten wird ebenfalls von der Mehrheit der Artgenossen übernommen. Auf diese Weise hat das erste Kaninchen, das jemals ein Loch in die Erde gegraben hat, seinen Stempel auf die gesamte »*Kaninchenschaft*« gedrückt – trotz der Tatsache, dass es vermutlich nur ein kleines Loch gewesen ist und trotz der Tatsache, dass es höchstwahrscheinlich überhaupt keine Ahnung hatte, was es da gerade tut.

Viele Verhaltensweisen können wir mithilfe der Evolutionstheorie prima verstehen. So ist es ziemlich verständlich, dass ein Kaninchen mit Loch gegenüber einem Kaninchen ohne Loch den einen oder anderen Vorteil hat, und deswegen ist es so gekommen, dass derzeit alle Kaninchen Löcher graben. Es spricht für sich, dass eine Elefantenart, die sich um ihre Kinder kümmert, eine größere Chance hat zu bestehen, als eine Elefantenart, die ihre Kinder links liegen lässt. Elefanten sorgen natürlich

nicht mit dem Ziel, den Fortbestand der Art zu sichern, für ihre Kinder. Nein, es ist schlichtweg so, dass nur Elefanten, die sich um ihre Sprösslinge kümmern, ihre Gene weitergeben und Trendsetter sein können. All die Elefantenarten, die ihre Kinder links haben liegen lassen – wenn es die je gegeben hat – sind ausgestorben, gerade weil sie ihre Kinder links haben liegen lassen.

Asoziales und egozentrisches Verhalten verträgt sich übrigens prima mit der Evolutionstheorie: Ein Eisbär, der sich Seehunde von anderen Eisbären mopst, um sie zu fressen, ist ein großer Gewinner und hat die

besten Chancen, für Nachwuchs zu sorgen. Bei dessen Nachkommen hat man wiederum eine große Chance, dass sie sich auf genau dieselbe Weise asozial verhalten, und schon ist ein Trend gesetzt. Aber es gibt auch Tierarten, die in Gruppen leben und zusammenarbeiten. Wie ist das aus der Sicht der Evolutionstheorie zu verstehen? Wie passen Gruppenverhalten und Zusammenarbeit mit der harten Natur zusammen, in der auf den ersten Blick scheinbar das Motto *Jeder für sich* gilt?

Gruppenverhalten

Löwen leben in Gruppen von ungefähr zehn bis fünfzehn Tieren zusammen. Die Löwinnen sorgen fürs Futter. Sie gehen gemeinsam auf Jagd und schleichen sich von verschiedenen Seiten an die Beute heran, einen Hirsch, eine Antilope, ein Zebra oder etwas ähnliches. Auf diese Weise können sie gemeinsam ihre Beute überlisten. Allein wäre das ein ganzes Stück schwieriger. Eine einzelne Löwin hat von der Zusammenarbeit einen deutlichen Vorteil; sie kann einfacher Zebras fangen. Der Nachteil ist, dass sie die Zebramahlzeit teilen muss.

Es gibt auch Löwen, die allein leben – alte Löwenmännchen zum Beispiel (Traurig, oder? Der ehemalige König der Savanne endet als einsamer Rentner). Diese Löwen haben es schwerer: Sie brauchen zwar nie ihre Beute zu teilen, aber es ist für sie unzählige Male komplizierter, auf welche Weise auch immer ein Zebra zu fangen. Zehn Löwen zusammen können vielleicht ein großes Zebra von ungefähr 300 Kilo fangen – das sind 30 Kilogramm Zebra pro Löwe. Ein einsamer Löwe hingegen muss vermutlich mit einem armseligen Stück Fleisch von circa 20 Kilo über die Runden kommen.

Summa summarum ist das Zusammenleben in einer Gruppe für jeden Löwen vorteilhaft. Und das ist dann auch genau der Grund, warum Löwen in Gruppen leben. Besser gesagt: Löwen leben in Gruppen, weil Löwen in Gruppen die einzigen Löwen sind, die in der knallharten

Realität der Natur überleben. Löwen leben also nicht im Gruppenverband, weil sie es angenehmer finden und dort miteinander spielen können. Nein, ein Löwe lebt in einer Gruppe, weil das seine Überlebenschance erhöht.

Ein Löwe wird sich für die Gruppe nie vollkommen aufopfern. Da wird er sich hüten: Die Gruppe hat für ihn da zu sein und nicht umgekehrt! Arbeitsgemeinschaften entstehen, weil sie auf die ein oder andere Weise die Überlebenschance der individuellen Mitglieder erhöhen. An erster Stelle steht also der persönliche Gewinn, und als Folge davon entsteht soziales Verhalten.

Wenn du einen Löwen fragen würdest, warum er in einer Gruppe lebt, dann könnte er durchaus antworten, dass er es in einer Gruppe angenehmer findet. Und wenn er das sagt, dann wird das wohl so sein. Wenn aber Löwen in Gruppen leben, weil sie das angenehmer finden, ist es trotzdem noch so, dass Löwen im Gruppenverband größere Überlebenschancen haben als Löwen, die allein leben. Löwen, die Gruppen angenehmer finden, sind dann schlichtweg erfolgreicher als Löwen, die lieber allein bleiben.

Außer Löwen gibt es noch viele andere Beispiele von Gruppentieren und Gruppenverhalten. Ein interessantes Beispiel ist der Vampir, eine gruselige Fledermausart, die des Nachts auf der Suche nach Blut nervös herumflattert. Keine Angst, bei uns gibt es diese Fledermäuse nicht, sie leben vor allem in tropischen Ländern. Tagsüber hängen Vampire scharenweise kopfüber in großen Grotten und schlafen. Wenn ein Vampir ein paar Tage lang nichts zu essen bekommt, dann wird er vor Hunger sterben. Um das zu verhindern, erbittet solch ein hungriges Tier ein bisschen Blut von Fledermausfreunden, die volle Bäuche haben. Meistens würgen dann die Freunde ein bisschen Blut zurück in den Mund und geben es dem Hungerleider zu trinken; auf diese Weise kann er wieder einen Tag durchhalten. Der Deal ist allerdings, dass der hungrige Vampir beim nächsten Mal den Freunden hilft. Auf diese Weise ist jeder zufrieden – jedenfalls solange es keine Nutznießer gibt, die ständig etwas schnorren, oder *Loser* dazwischen sind, die nie Blut zu vergeben haben. Beides scheint bei Vampiren selten vorzukommen.

Aber... dieses Sozialverhalten ist nur entstanden, weil es für jeden gewinnbringend ist: Für den Vampir ist es vorteilhaft, das Blut mit seinem Nachbarn zu teilen, und für den Nachbarn gilt umgekehrt dasselbe. Als Folge dieses Vorteils haben beide Nachbarn eine größere Überlebenschance, und deswegen setzen sie den Trend, Blut mit anderen zu teilen.

Die drei Revolutionen

Wir haben gesehen, wie der Ausgangspunkt *Jeder für sich* mit *Miteinander teilen* zusammenpasst. Die Antwort lautet: Miteinander teilen ist eine Art, um jedem für sich eine größtmögliche Überlebenschance zu geben – so jedenfalls lautet die Antwort in der Natur. Arbeitsgemeinschaften entstehen, weil Individuen davon profitieren. Diese Arbeitsgemeinschaften könnte man als dritte Revolution innerhalb der Evolution bezeichnen. Die erste Revolution war der Zusammenschluss von einfachen Molekülen zu kleinen Stückchen Minileben. Vor der ersten Revolution gab es noch kein Leben, nach der ersten Revolution schon. Die zweite Revolution war der Zusammenschluss von einfachen einzelligen Organismen zu komplexeren mehrzelligen Organismen. Und die dritte Revolution ist der Zusammenschluss von mehrzelligen Organismen zu Lebensverbänden wie bei den Löwen oder bei uns Menschen.

Zusammenarbeit ist oft sehr praktisch. Das soll aber nicht heißen, das Zusammenarbeit einfach so entstehen kann: Es müssen in der Natur Mechanismen vorhanden sein, um Zusammenarbeit zustande kommen zu lassen. Schau dir mal die Bäume an: Bäume tun ihr Bestes, um so viel Sonnenlicht wie möglich einzufangen. Das machen Bäume, indem sie so hoch wie möglich wachsen – je höher ein Baum, desto mehr Sonnenlicht kann er einfangen. Aber es kostet einen Baum viel Kraft, diese langen Stämme hinzukriegen – es wäre für einen Baum viel einfacher einen kürzeren Stamm zu haben. Tja, aber dann bekommt er nicht genug Licht. Stell dir mal vor, Bäume könnten miteinander kommunizieren, sich miteinander absprechen und deswegen das Licht untereinander verteilen. Dann bräuchten sie nicht so hoch zu wachsen und hätten Kraft für andere Sachen. Schade: Bäume können sich leider nicht mit anderen Bäumen beraten und keine Vereinbarungen über die Verteilung des Sonnenlichtes treffen. Deswegen bleibt ihnen nichts anderes übrig, als sich asozial zu verhalten, um auf Kosten der anderen Bäume so viel Sonnenlicht wie möglich zu ergattern.

Kurzum

Zusammenarbeit ist eine Methode, mit der sich jeder größtmögliche Überlebenschancen sichern kann.

Wenn man zusammenarbeiten will, muss man mit seinen Partnern kommunizieren können.

Die Geschichte der Moral

Ob man von einer universellen, immer und überall geltenden Moral sprechen kann – Ob man das Gesetz übertreten darf – Konflikte zwischen Individuen und der Mehrheit: Wer hat Recht? – Wieso wir so hart arbeiten

Im vorigen Kapitel haben wir gesehen, dass Tiere in der Natur zusammenarbeiten, wenn es für sie – oder ihre Gene – vorteilhaft ist. Aber wie sieht es dann mit der Zusammenarbeit bei Menschen aus? Leben wir in einer Gesellschaft, bloß weil das für dich und mich vorteilhaft ist? Sind die Vereinbarungen, die in unserer Gesellschaft bestehen, von der gleichen Art wie die zwischen Vampiren oder die zwischen Löwen? Basieren sie, mit anderen Worten, auf individuellem Gewinn? Jetzt erreichen wir die Ebene von Normen und Werten, gut und schlecht: die Moral.

Die Geschichte der Moral

Vampire teilen Blut miteinander, weil das für jeden einzelnen Vampir vorteilhaft ist, und Löwen jagen in Gruppen, weil jedes einzelne Tier dann das meiste Fleisch erwarten kann. Ist ein derartiger »egozentrischer« Ausgangspunkt auch die Basis unserer Gesellschaft und unserer Normen und Werte?

Sehen wir uns mal die Vereinbarung *Stehlen ist schlecht* genauer an. Stehlen ist schon seit Menschengedenken schlecht. Aber Stehlen ist nicht notwendigerweise immer schlecht gewesen. Es wird dir sicher nicht schwer fallen, dir vorzustellen, dass es irgendwann einmal Menschen gegeben hat – oder prähistorische Vorläufer der Menschen – die in einer

Weise zusammengelebt haben, die an den Wilden Westen erinnert. Nur noch schlimmer. Alle klauten wie die Raben, und von einer Moral, wie wir sie heute kennen, war noch keine Rede. All diese Klauerei war nicht praktisch; sie schien zwar verlockend, aber es kostete unglaublich viel Energie das zusammengestohlene Hab und Gut gegen andere Räuber-Kollegen zu verteidigen.

Eines schönen Tages kam irgendwer, irgendwo – in irgendeinem Stamm – auf die Idee, nichts mehr voneinander zu klauen. Die Idee fand Anklang, und das Resultat war Wohlstand für den gesamten Stamm. Sie hatten mehr Zeit für schöne Dinge, aber auch mehr Zeit für Wichtiges, wie Jagen, Fischen und so weiter. Und eigentlich wissen wir jetzt schon, mit der Evolutionstheorie im Hinterkopf, was geschehen wird: Dem Stamm mit der Vereinbarung ging es besser als anderen Stämmen. Sie hatten mehr zu essen, mehr Kinder und was du dir sonst noch alles ausmalen kannst. Der Stamm wurde ein Trendsetter. Andere Stämme wurden entweder vom Wir-klauen-nicht-Stamm besiegt oder übernahmen die Vereinbarung. Und so eroberte die Vereinbarung *Wir-klauen-nicht* schnell die ganze Welt.

Was als Idee eines oder eines anderthalben Wilden begann, ist zu einer wichtigen, weltweiten Vereinbarung geworden. Höchstwahrscheinlich ist das alles nicht so groß angelegt gewesen und hatte der Ideen-Finder gar nicht vor, die ganze Welt zu ändern. Er oder sie hatten einfach genug davon, ständig ihre Sachen verteidigen zu müssen, und wollten etwas mehr Zeit für andere Dinge. Aber weil die Idee zu funktionieren schien, ist sie von selbst populär geworden und hat einen Trend gesetzt.

Die Evolution der Moral geht viel schneller als die Evolution von Pflanzen und Tieren. Denn die Moral wird nicht durch Gene vererbt, sondern mithilfe der Kommunikation weitergegeben. Letzteres geht viel schneller. Das Entstehen der heutigen Moral hat nur ein paar tausend Jahre gedauert. Außerdem ändert sich die Moral fortwährend ein wenig: Was wir heute für lächerlich und schlecht halten, ist vor hundert Jahren vielleicht ganz normal gewesen. Und umgekehrt.

Logische Moral gegen universelle Moral

Die Evolution sorgt dafür, dass nur die Pflanzen und Tiere übrig bleiben, die *funktionieren*: weiße Eisbären und Wale mit der Nase auf dem Rücken zum Beispiel. Niemand hatte im voraus geplant, ein weißes Fell sei für den Eisbären praktisch. Eine gute Farbe entwickelt sich durch den Evolutionsprozess von ganz allein. Und genauso ist es bei Ideen; ohne dass es vorher jemand ahnen konnte, schien die Idee, nicht zu stehlen, praktisch zu sein. Diese Idee hat es dann auch weit gebracht, bis zu einer weltweiten Moral. Moral kann von selbst entstehen – ohne dass sich jemand vorher darüber Gedanken gemacht hat.

Das die Moral *Stehlen ist schlecht* entstanden ist, ist natürlich mehr als logisch: Es ist nämlich ganz schön schwierig zusammenzuarbeiten, wenn man zur gleichen Zeit ständig auf der Hut sein muss. Aber es ist nicht im voraus und nicht für die Ewigkeit festgelegt, dass Menschen nicht stehlen sollen: Es ist eine Moral, die langsam entstanden ist. Sie ist durch eine Art Evolutionsprozess aufgetaucht, weil es eine Moral zu sein schien, die funktionierte.

Die meisten Menschen sind nett zu anderen Menschen – du wahrscheinlich auch. Aber bist du nur nett zu anderen, weil sie dann, über diesen Umweg, auch nett zu dir sind?

Du klaust nicht. Tust du das, weil du keine Lust hast in einer Art Wildem Westen zu leben, in dem du ständig auf der Hut sein musst, oder tust du das, weil dir andere wirklich lieb und teuer sind? Wenn du einen Krankenhausbesuch bei einer Freundin machst, tust du das dann, um ihr eine Freude zu machen, oder tust du es in der Hoffnung, deine Freundin würde dich dann auch einmal besuchen? Beim Lesen dieses Kapitels könntest du ein bisschen den Eindruck bekommen haben, dass Tiere und Menschen nur nett zueinander sind, wenn es sich für sie persönlich lohnt. Dem ist auch so, aber gleichzeitig auch wieder nicht.

Wenn du zu jemandem nett bist, dann bist du wirklich nett! Du bist nicht zu anderen nett, weil du an dich selbst denkst. Aber es ist trotzdem auch für dich von Vorteil, wenn du nett bist. Menschen, die nett zu anderen sind, haben schlichtweg eine größere Überlebenschance. Die Evolution sorgt dafür, dass nur die netten Menschen übrig bleiben, weil nette Menschen einen Vorteil haben. Aber das soll nicht heißen, dass nette Leute eigentlich an sich selbst denken. Du bist tatsächlich nett! Aber es ist auch praktisch für dich, nett zu sein – nur, dass du dir dessen nicht bewusst bist.

Die funktionierende Moral

Wir haben bereits an der Geschichte über den Wir-klauen-nicht-Stamm gesehen, wie Normen und Werte mit Hilfe des Evolutionsprozesses entstehen. Natürlich ist es nur eine erfundene Geschichte, aber sie macht dennoch deutlich, wie so etwas hätte entstehen können. Gut und Böse sind nicht vor Tausenden von Jahren ein für allemal festgelegt worden. Gut und Böse tragen eine Tausende von Jahren andauernde Erfahrung in sich, von dem, was sehr wohl und was nicht funktioniert.

Eigentlich steckt das auch schon im Wörtchen *Gut*. Was ist ein gutes Auto? Ein fahrendes Auto! Ein Auto ist gut, wenn es funktioniert. Und was ist ein guter Stift? Ein Stift, der schreibt. Etwas ist gut, wenn es funktioniert. Gut – auch das von der Moral – ist alles, was im Laufe der Zeit unter Beweis gestellt hat, dass es funktioniert.

Die Moral *Stehlen ist schlecht* verdankt ihren Erfolg der Tatsache, dass sie einen Vorteil bietet: Man hat mehr Zeit und Kraft für andere Dinge, wie Essen suchen. Würde eine Moral, die mehr Nachteile als Vorteile hat, bestehen bleiben? Nein, eine derartige Moral würde verschwinden. Nur eine Moral, die mehr Vorteile als Nachteile bieten kann, wird gegen den Zahn der Zeit ankommen und schließlich übrig bleiben. Wie man es auch dreht und wendet: Regeln – Gesetze, Vorschriften des Zusammenlebens – haben mehr Vor- als Nachteile, sonst würden die Regeln anders lauten.

Darf man das Gesetz übertreten?

Die Kernaussage der Geschichte lautet, man sollte besser auf das Gesetz hören, als es zu brechen: Im Durchschnitt ist man damit besser dran. Wenn eine durchschnittliche Person sich brav ans Gesetz hält, dann hat sie die größten Chancen auf ein glückliches Leben, mit genügend Essen, genügend Zeit für nette Sachen und so weiter. Was aber ist, wenn du keine durchschnittliche Person, sondern eine besondere bist? Was aber, wenn du keinen roten Heller in der Tasche und keine Freunde hast? Wenn du dein ganzes Leben lang nicht die Vorzüge der Gesellschaft hast genießen können und auch nicht mehr erwartest, jemals noch in den Genuss derselben zu kommen? Ist es für dich dann immer noch vorteilhaft, die Regeln zu beachten? Oder wäre es vielleicht nicht doch vernünftiger, dich auf die Socken zu machen und zu stehlen?

Stell dir mal vor, du wärst in einer Situation, in der Brot stehlen eine gute Alternative wäre. Ist es dann eigentlich eine schlechte Alternative? Mit anderen Worten: Bist du wirklich ein schlechter Mensch, wenn du Brot stiehlst? Der Bäcker würde mit »Ja« antworten und der Polizist, als Vertreter der Gesellschaft, auch. Aber wieso sollten ein Bäcker, ein Polizist und die Gesellschaft mehr im Recht sein als ein Dieb? Ihre Perspektive ist einfach nur anders. Natürlich wird der Bäcker hinter dem Dieb herrennen, und natürlich wird der Polizist sein Bestes geben, um ihn hinter Gitter zu bekommen. Aber es wird nicht so sein, dass der Dieb in die Hölle kommt, oder von welchem Standpunkt auch immer aus gesehen ein schlechterer Mensch ist. Manchmal möchte dich das die Gesellschaft zwar glauben lassen, aber eigentlich ist das nur ein Trick, um dich auf Spur zu halten.

Muss man auf die Mehrheit hören?

Ein sehr komplizierter Konflikt ist der zwischen den Interessen des Einzelnen und denen einer Gruppe. Keiner von beiden hat automatisch Recht. Auf jeden Fall nicht in der Natur. Allerdings zieht der Einzelne oft den Kürzeren – er ist schließlich immer allein gegen eine viel stärkere Übermacht.

Irgendwann einmal, vor langer, langer Zeit, haben Einzeller angefangen zusammenzuarbeiten, weil das für die durchschnittliche, individuelle Zelle vorteilhaft war. Aber was ist, wenn eine solche Zelle den ganzen

Kram hinschmeißt, die Zusammenarbeit kündigt und anfängt für sich allein zu arbeiten? Ist das eine schlechte Zelle? Aber nein. Aus der Sicht des Körpers, gegen den die Zelle meutert, wahrscheinlich schon. Der Körper wird alles, was in seinen Kräften steht, tun, um die Zelle unter der Fuchtel zu halten, aber manchmal verliert der Körper auch. Dann

hat man Krebs. Es ist einfach ein Streit; ein ehrlicher, gleichwertiger Konflikt zwischen den beiden unterschiedlichen Möglichkeiten, die eine Zelle hat: die Möglichkeit beim Körper zu bleiben, oder die Möglichkeit zu meutern. Nirgends in der Natur gibt es ein Gesetz, das meuternde Zellen verurteilt. Das Einzige was zählt ist, wer gewinnt. Und der Gewinner hat immer Recht.

Das ist genau wie bei einem Fußballspiel, zum Beispiel zwischen FC Bayern München und Werder Bremen. Aus Sicht der Bayern-München-Fans ist es gut, wenn Bayern einen Punkt macht, und ist es sogar toll, wenn Bayern zu Unrecht einen Elfmeter bekommt. Aber für die Werder-Bremen-Fans ist es genau umgekehrt – und bei einem nichtverdienten Elfmeter werden sie unter Garantie vor Wut kochen! Sind die einen besser als die anderen? Ist die Moral von Bayern München besser als die von Werder Bremen? Ich glaube nicht.

Es gibt kein einziges Naturgesetz, das besagt, die Mehrheit sei wichtiger als das Individuum. Ebenso wie es kein einziges Naturgesetz gibt, das besagt, Bayern München sei besser als Werder Bremen. Die Mehrheit gewinnt meistens gegen die Minderheit, weil sie stärker ist – aber das ist auch alles.

Arbeitnehmer gegen Arbeitgeber

Noch ein Beispiel einer Moral, die mit einer anderen im Widerspruch steht, diesmal aus der Wirtschaft. Firmen tun was sie können, um jedes Jahr noch mehr Gewinn zu machen. Wenn eine Firma nicht stets steigende Gewinne verbuchen kann, sondern konstant bleibt, oder sogar Verluste macht, dann wird sie eines Tages verschwinden. Entweder wird sie wegrationalisiert, oder von einer anderen Firma, die sehr wohl immer wieder Gewinne hat verbuchen können, aufgekauft werden. Um das Fortbestehen einer Firma garantieren zu können, entwickelt die Firmenleitung immer neue Pläne, um die Gewinne in die Höhe zu schrauben. Der steigende Gewinn ist ein Mechanismus, der das Fortbestehen der Firma garantiert. Was Sprungbereitschaft für die Pferdeart ist, ist die Gewinnsteigerung für die Firma.

Aber liegt es in der Verantwortung des Arbeitnehmers, den Betrieb bestehen zu lassen? Müssen sie sich abrackern, um eine Gewinnsteigerung zustande zu bringen? Was hat der Arbeitnehmer davon, wenn die Firma bestehen bleibt – vor allem nach seiner Pensionierung, wenn er aufgehört hat, zu arbeiten? Natürlich möchte ein Arbeitnehmer Geld verdienen. Seine Kinder möchten auf eine Universität oder etwas anderes. Und natürlich verdient der Arbeitnehmer Geld, wenn sein Betrieb etwas leistet und Gewinn macht. Aber in erster Instanz sind die Interessen von Betrieb und Arbeitnehmer unterschiedlich, und das gilt auch für ihre Moral. Gewinne und höhere Umsätze sind im Interesse der Firma, während dem Arbeitnehmer ein höherer Lohn, für mehr Essen und Schuhe für die Kinder, nutzt. Es ist praktisch, wenn diese unterschiedlichen Zielsetzungen miteinander übereinstimmen. Besser gesagt: Nur wenn die Zielvorstellungen miteinander in Einklang zu bringen sind, werden beide Seiten zufrieden bleiben. In einer Konfliktsituation aber hat niemand Unrecht, und die Moral der Firma ist nicht besser als die Moral der Arbeitnehmer, oder umgekehrt.

Bist du ein Sklave deines Ehrgeizes?

Du gibst dein Bestes in der Schule. Und nach der Schule gibst du dein Bestes auf einer anderen Schule oder auf der Arbeit. Wieso bist du nur so ehrgeizig? Um erfolgreich zu sein, nicht wahr? Wenn du gut in der Schule bist, hast du Erfolg: Deine Eltern sind zufrieden, deine Freunde sind eifersüchtig, aus dir wird etwas. Und so geht das dein ganzes Leben weiter: Zu einem bestimmten Zeitpunkt arbeitest du noch härter, um in einem großen Haus wohnen zu können, oder ein teures Auto zu kaufen. Warum? Warum tun wir das alles, um Himmels Willen?

Wenn man ehrgeizig oder strebsam ist, will man besser als der Rest sein. Überleben bedeutet besser zu sein als die anderen. Es ist logisch, dass die Menschen, Tiere und Pflanzen, die auf die eine oder andere Weise besser sein wollen als der Rest, auch regelmäßig besser als der Rest sind. Denken wir noch mal an die Auswahl einer professionellen Fußballmannschaft: circa zwanzig besonders talentierte Fußballer, von denen nur elf bei einem Spiel mitmachen können. Es ist bekannt, dass man außer Talent auch eine bestimmte Einstellung benötigt, um es zu etwas zu bringen. Du musst es wollen, du musst dafür kämpfen, dein Willen, Erfolg zu haben muss da sein, am besten noch stärker als bei den anderen. Anders wird nichts aus dir, egal, wie talentiert du bist.

Die Natur ist genauso hart, sie fordert ebensoviel wie eine Fußballmeisterschaft. In der Natur ist es für dich sicher von Vorteil, wenn du – neben Talent – auch den Ehrgeiz hast, zu überleben. Der Ehrgeiz zu überleben, besser als die anderen sein zu wollen, ist eine Eigenschaft, die evolutionär gesehen erfolgreich ist. Eine Eigenschaft also, die sich selbst erhält, genau wie geil sein oder den Nachwuchs gut zu pflegen.

Ich habe einmal einen Dokumentarfilm über Pinguine gesehen, der war abscheulich. Die Pinguine hatten sich auf irgendeiner Insel versammelt, um Kinder zu bekommen. Gesagt, getan, auf der Insel wimmelte es von Pinguinküken. Die Küken lagen gemütlich auf den Felsen, sonnten sich und wurden von Papi und Mami gefüttert. So lang, bis sie alt genug waren, sich selbst zu versorgen. Dann mussten sie allein ins eiskalte Wasser springen, um Fische und andere Leckereien zu suchen. Die Pinguinküken waren alle ungefähr gleich alt und mussten alle zum gleichen Zeitpunkt den ersten Sprung ins Wasser wagen. Und da warteten die Seelöwen...

Es war das reinste Massaker. Auf die Seelöwen wartete ein Festmahl, und sie schlugen sich die Bäuche mit den kleinen, niedlichen Pinguinen voll. Vor laufender Kamera wurde der allergrößte Teil der Pinguine gefressen.

Einer der jungen Pinguine wurde von der Kamera verfolgt. Man sah das Tier unbeholfen ins Wasser springen. Strampelnd bewegte es sich fort. Sehr langsam. Und da kam der Seelöwe.

In Zeitlupe gefilmt kam das abscheuliche Monster auf das süße Tierchen zu. Es kam näher, machte einen Haps... und ratsch, machte der Pinguin. Griff das kleine Tier das große Monster einfach an! Mich kriegst du nicht, sah man es förmlich denken. Und es gab noch einmal einen Hieb mit dem Schnabel. Es war ein Kampf um Leben und Tod, aber der kleine Pitbull-Pinguin gewann! Der Seelöwe trollte sich von dannen, und unserem Pinguin gehörte das weite Meer.

Dutzende, Hunderte, vielleicht sogar Tausende von Pinguinen wurden gefressen. Nicht aber dieser kleine David. Unser Baby-Pinguin lebte vermutlich noch lang und glücklich. Und diese Art von Pinguinen, Davids, Pitbull-Pinguine, ehrgeizige Pinguine – diese Art Pinguine überlebt.

Von Generation zu Generation, Hunderte, Tausende, Millionen Jahre hintereinander sind die ehrgeizigsten Organismen übrig geblieben.

Damit ist nicht gesagt, dass der Wille, Erfolg zu haben, eine genetisch bestimmte Eigenschaft ist – es ist genauso gut möglich, dass Pinguine, Menschen und andere Tiere das von den Eltern oder anderen erlernen. Aber wie man es auch dreht und wendet: Ehrgeizig zu sein ist eine Eigenschaft, die fürs Überleben vorteilhaft ist. Die ehrgeizigsten Tiere überleben, und wir haben davon vermutlich auch ein bisschen.

Das gibt einem zu denken, nicht wahr? Wieso sollte man sein Bestes in der Schule geben? Warum bist du so ehrgeizig? Weil dich das glücklicher macht? Oder weil deine Ambition eine von Generation zu Generation übertragene, erfolgreiche Eigenschaft ist, und du, vollkommen unbewusst, das Opfer davon bist? Ich weiß es nicht, und vielleicht weißt du es selbst auch nicht. Auf jeden Fall macht es Spaß, es einmal vom Standpunkt der Evolutionstheorie aus zu betrachten.

Der Wahnsinn des Fortbestehens

Wir machen ein Gedanken-Experiment. Es wird der Geschichte der Abalone-Meisterschaft ähneln. Diese Geschichte handelte davon, wie man gegen den Abalone-Weltmeister eine Partie Abalone gewinnen kann. Das war eigentlich ganz einfach: Man fing mit hundert Spielbrettern, statt mit einem, an. Und nach jedem Zug des Weltmeisters durfte man willkürlich hundert unterschiedliche Gegenzüge ausprobieren. Spielbretter, auf denen man verloren hatte, verschwanden im Schrank und die Bretter, auf denen man durchhielt, konnten stehen bleiben.

In diesem Gedanken-Experiment haben wir keine große Anzahl Abalone-Bretter, sondern Weltkugeln. Und jede Weltkugel ist eine echte Welt: mit echten Pflanzen und Tieren und mit echten Menschen. Hunderte von Weltkugeln, und jede ist ein bisschen anders. Auf der einen Weltkugel sind Elefanten so groß wie Hunde, auf einer anderen geben Kühe Kakao, und auf wieder einer anderen graben Kaninchen keine Löcher, sondern verstecken sich in Bäumen.

Auch die Menschen unterscheiden sich auf den unterschiedlichen Weltkugeln. Sie unterscheiden sich in Größe, Intelligenz und auch in ihrem Verhalten. Auf der einen Weltkugel sind Menschen viel entspannter, auf einer anderen viel sportlicher, und was dir sonst noch alles einfällt.

Auf einer solchen Weltkugel passiert alles Mögliche. Es passieren die gleichen Dinge wie auf unserer Erde: Gute und schlechte Zeiten. Auf einigen Weltkugeln sind die Menschen glücklicher und auf anderen unglücklicher. Auf einigen Weltkugeln überlebt die Menschheit, und auf anderen stirbt sie aus. Weltkugeln, auf denen die Menschheit ausstirbt, verschwinden im Schrank. So funktioniert das Gedanken-Experiment eben. Übrigens kennt niemand auf den Weltkugeln diese merkwürdigen Regeln, und niemand weiß, dass es auch noch andere Weltkugeln gibt.

Jede Weltkugel hat so ihre Eigenheiten: Es gibt eine, auf der alle den ganzen Tag lang schlafen, und es gibt eine, auf der alle versuchen, so lang wie möglich in der Sonne zu sitzen. Schlafen ist für die Überlebenschancen der Menschheit nicht gerade günstig, genauso wenig wie in der Sonne zu sitzen. Und in diesen Welten sterben die Menschen dann auch aus. Diese Weltkugeln verschwinden von der Bildfläche: Hopp, in den Schrank damit! Und auf anderen Weltkugeln passiert

dasselbe: Zu bestimmten Zeiten stirbt wieder eine Menschheit aus, und deswegen verringert sich die Anzahl der Welten stetig.

Aber es gibt eine Weltkugel, die durchhält. Auf dieser Welt leben die Menschen nach einer anderen, wahnsinnigen Idee: Fast alle Menschen auf dieser Weltkugel halten es für wichtig, dass die Menschheit bestehen bleibt. Alle zusammen geben ihr Bestes, um der Menschheit das Überleben zu ermöglichen; davon sind sie geradezu besessen. Jeder dort bekommt Kinder; es gibt Ärzte, die untersuchen, ob bestimmte Krankheiten in Zukunft geheilt werden können; und es gibt Menschen, die sich Sorgen um die Umwelt und den Treibhauseffekt machen. Und noch vieles mehr.

Diese Weltkugel verschwindet nicht im Schrank. Die Welt mit diesen schrägen Vögeln, die auf Teufel komm raus die Menschheit erhalten wollen, gerade die überlebt und hält natürlich durch. Sie besteht noch immer.

Es gibt diese einzig übriggebliebene Weltkugel wirklich: Es ist unsere Weltkugel, die Erde. Die Weltkugeln, die im Schrank verschwunden sind, bestehen auch in Wirklichkeit. Das sind die Weltkugeln mit Menschen, die anders gelebt haben als wir, Menschen, denen das ganze Fortbestehen nicht so wichtig war, und denen es zum Beispiel stattdessen viel wichtiger war, zu faulenzen.

Wir leben nicht auf der Weltkugel, auf der man am glücklichsten ist, wir leben auch nicht auf der Weltkugel, auf der man am freundlichsten ist. Wir leben auf der Weltkugel, auf der jeder – unbewusst vielleicht – am allerstärksten und am allerfanatischsten versucht, die Menschheit fortbestehen zu lassen (auch wenn man nicht immer den Eindruck hat).

Auf unserer Erde sind wir allesamt von unserem eigenen Wahnsinn beherrscht, sind fixiert auf das Fortbestehen. Irgendwie finden wir es jedes Mal schade, wenn etwas aufhört zu bestehen. Der Bauer findet es jammerschade, wenn er seinen Betrieb verkaufen muss, weil er nicht von einem Sohn oder einer Tochter weitergeführt wird. Menschen bedauern es, wenn der Familienname ausstirbt. Und Niederländer bedauern, dass die landeseigene Flugzeugfirma Fokker nicht mehr besteht.

Aber es geht noch viel weiter. Nehmen wir zum Beispiel eine Ärztin, die in der AIDS-Forschung arbeitet. Sie macht diese Arbeit in der Hoffnung, dass Menschen zukünftig ein Leben ohne AIDS führen können, und in der Hoffnung, dass die Menschheit nicht durch diese Krankheit ausgerottet wird. Aber diese Zukunft ist wahrscheinlich noch weit entfernt. Wahrscheinlich wird die Ärztin nicht mehr erleben, dass ein Medikament gegen AIDS gefunden wird.

Die Ärztin selbst hat überhaupt keinen Profit von der Arbeit, die sie tut. Niemand, der zur Zeit lebt, profitiert in irgendeiner Weise von der Tatsache, dass AIDS in zweihundert Jahren vielleicht nicht mehr existiert. Und niemand, der heute lebt, profitiert davon, dass es die Menschheit vermutlich noch in zweihundert Jahren geben wird. Und trotzdem bewundern wir alle die Arbeit der Ärztin. Sie zieht Befriedigung aus ihrer Arbeit und erntet Respekt. Aber es ist eine Art Wahnsinn. Der weltweite Wahnsinn, unseren Fortbestand wichtig zu nehmen.

Stell dir mal vor, wir würden alle zusammen beschließen, dass die Menschheit aussterben darf. Wir beschließen, dass niemand mehr Kinder bekommen soll. Die Menschen, die jetzt leben, sollen die letzten Menschen auf Erden sein. Und wenn der letzte Mensch, der dann noch lebt, gestorben ist, ist die Menschheit verschwunden. Würdest du das schlimm finden? Ja? Wieso? Du merkst doch gar nichts davon. Du wirst überhaupt nichts davon spüren, ob die Menschheit nach deinem Tod noch weiter bestehen bleibt oder nicht. Und trotzdem wirst du es vermutlich schrecklich finden, wenn du wüsstest, dass die Menschheit nach deinem Tod aussterben würde. Das liegt daran, dass es eine erfolgreiche Eigenschaft ist, es schrecklich zu finden, wenn die Menschheit nicht mehr existieren würde. Eine Eigenschaft, die sich selbst am Leben erhält und verbreitet.

141

Wir leben in einer Welt, in der jeder findet, dass das Fortbestehen der Menschheit von Bedeutung ist. Aber das ist, faktisch gesehen, Wahnsinn. Und die arme Ärztin, die sich vollkommen abrackert, um gut zu sein, ist das Opfer dieses Wahnsinns, genau wie all die Menschen, die sich um die Zukunft der Umwelt sorgen, oder darüber, dass der Ölvorrat in hundert Jahren verbraucht ist.

Alles zusammen

Wir haben in diesem Kapitel gesehen, dass Moral auf eine Weise entstanden ist, die an die Evolution erinnert: Die erfolgreichste Moral bleibt übrig. Vererbung fand bei dieser Evolution vermutlich über Mund-zu-Mund-Propaganda statt. Mit der Moral steht es genau wie mit der Zusammenarbeit bei Tieren: Im Durchschnitt kann jedes Individuum von der Moral profitieren.

So jedenfalls ist die Geschichte der Moral. Die Moral, die wir heute kennen, ist zum Teil mithilfe eines evolutionären Prozesses entstanden. Moral ist in diesem Sinne nicht universell – im Gegensatz zum Gesetz der Schwerkraft, das sehr wohl universell ist: Überall und jederzeit (vor tausend Jahren und in Afrika und Australien) fallen Äpfel vom Baum nach unten.

Von einer allgemein gültigen Moral kann keine Rede sein. Aber man kann von einer sehr logischen Moral sprechen: Die Moral, nicht zu stehlen, ist dafür ein Beispiel. Es ist logisch, dass die Vereinbarung nichts voneinander zu stehlen für die Zusammenarbeit von großem Nutzen ist. Aber es geht nicht darum, ob es logisch ist, sondern ob es funktioniert. Wenn es unerwarteter Weise irgendwo anders besser zu funktionieren scheint, weil man die Vereinbarung über den Haufen geworfen hat, dann wird das unverzüglich geschehen.

Zum Glück sind wir Menschen. Wir können von der Entstehungsge-

142

schichte der Moral Abstand nehmen. Wir können über Moral diskutieren und ein Idealbild von der Welt entwerfen, wie sie unserer Meinung nach auszusehen hat. Aber in einer solchen Diskussion kann man sich nicht auf eine wahre oder allgemein gültige Moral berufen. Es ist und bleibt eine Diskussion zwischen gleichwertigen Gesprächspartnern, die vielleicht nicht immer miteinander einig sind.

Kurzum

Für einen Arbeitnehmer hat es keinen Vorteil, ob die Firma nach seiner Pensionierung noch bestehen bleibt oder nicht.

Die Moral von Gut und Böse ist nicht als allgemeingültige Moral vom Himmel gefallen, sondern ist in einem evolutionären Prozess fließend entstanden.

Wenn du nett zu jemandem bist, dann bist du wirklich nett! Du bist nicht zu anderen nett, weil du eigentlich nur an dich denkst. Aber es ist für dich doch vorteilhaft, nett zu sein.

Wenn du Brot stiehlst, kommst du nicht in die Hölle.

Es gibt nirgends in der Natur ein Gesetz, das besagt, die Minderheit müsse auf die Mehrheit hören.

Was Sprungbereitschaft bei einer Pferdeart ist, ist Gewinnsteigerung bei Unternehmen.

Ehrgeiz und der Wille, Erfolg zu haben ist eine evolutionär vorteilhafte Eigenschaft.

Wir sind nicht die glücklichste Menschheit, wir sind nicht die netteste Menschheit. Wir sind die Menschheit, die am meisten ihr Bestes gibt, bestehen zu bleiben.

Gibt es Gott?

*Über den Anfang der Dinge – Ob man gleichzeitig an
Gott und die Evolutionstheorie glauben kann*

Bevor Charles Darwin am Ende des 19. Jahrhunderts die Evolutionstheorie begründete, glaubte man in der westlichen Welt im Allgemeinen, dass Gott die Welt erschaffen hat. Die meisten Menschen der westlichen Welt waren Christen, und der Bibel nach hat Gott die Welt in sechs Tagen erschaffen, komplett mit Menschen, Pflanzen und Tieren. Das ist dann doch eine ganz andere Geschichte als die Evolutionstheorie, die von schrittweisen und trägen Veränderungen spricht. Bei ihr ist die Rede von Millionen Jahren, anstatt von sechs Tagen. Es wird dich sicher nicht wundern, dass Darwins Ideen wie eine Bombe eingeschlagen haben und viele Menschen verschreckt reagierten.

Die Folge davon war jahrelange Uneinigkeit zwischen Christen und Anhängern der Evolutionstheorie. Inzwischen haben sich die Gemüter etwas beruhigt, und viele Christen haben die Berechtigung der Evolutionstheorie eingesehen. Sie haben der Evolutionstheorie einen Platz in ihrem Glauben gegeben. Ihnen ist natürlich auch klar, dass es schier unmöglich ist, die ganze Welt in sechs Tagen zu erschaffen. Und was hätten sie gegen eindeutige Beweise der Evolutionstheorie, wie Dinosaurier-Fossilien, einwenden sollen? Aber er bleibt interessant, der Widerspruch zwischen Gott und der Evolutionstheorie.

Es wird oft gesagt und geschrieben, dass Glaube und Wissenschaft (demnach also auch Gott und die Evolutionstheorie) zwei sehr verschiedene Sachen sind. Und dass sie genau genommen wegen dieses fundamentalen Unterschieds gar nicht im Streit miteinander stehen können.

Das mag alles richtig sein, ich jedenfalls möchte in diesem Kapitel vor allem die Berührungspunkte zwischen Gott und der Evolutionstheorie besprechen.

Was ist Gott?

Wenn man über Gott spricht, ist es gut, kurz bei der Frage, was Gott eigentlich ist, stehen zu bleiben. Nun weiß ich das eigentlich gar nicht genau – und wahrscheinlich hat sowieso jeder seine eigene Vorstellung von dem, was Gott ungefähr ist. Aber ich mache trotzdem einen Versuch:

> ***Gott ist der Schöpfer – Er hat alles erschaffen. Oder genauer gesagt: Er hat auf alle Fälle eine gewisse – entscheidende – Rolle im Schöpfungsprozess gespielt. (Ob Gott ein Mann oder eine Frau ist, ist mir einerlei; ich benutze jedenfalls, der Einfachheit halber, die männliche Form.)***

Gott wacht über das Universum: Er bestimmt, was richtig und falsch ist.

Gott gibt dem Leben Sinn: Man lebt für Gott. Eigentlich ist dies keine für sich stehende Aussage, sondern eine, die von den beiden gerade genannten Punkten abhängt: Man lebt für Gott, weil er das Leben gegeben hat; oder: Gott gibt dem Leben einen Sinn, weil wir im Dienste seiner Normen und Werte leben.

Gott hat einen Bart.

Ich hoffe, dies stimmt einigermaßen mit deinem Bild von Gott überein.

Wie hat alles angefangen?

Die Evolutionstheorie lässt noch viel offen. Ihre Geschichte fängt erst an, als die Erde bereits eine Art großer Brutkasten ist. Was passierte davor? Wie um Himmels Willen ist die Erde entstanden?

Vermutlich ist die Erde eine Ansammlung loser Gesteinsbrocken, die zusammengeklumpt sind und begonnen haben, um die Sonne zu kreisen. So weit, so gut: Aber wie ist dann die Sonne entstanden? Eine komplizierte Frage: Sterne entstehen nicht jeden Tag, und außerdem dauert die Entstehung eines Sterns einige Zeit. Es funktioniert also nicht, nur das Weltall im Auge zu behalten, um dann beobachten zu können, wie Sterne entstehen – so einfach ist es nicht! Dennoch hat man eine Antwort gefunden: Sterne sind die Folge eines großen Urknalls – eine riesige Explosion im Nichts, aus der das Weltall und die Sterne entstanden sind. Zuerst gab es also Nichts – niente, nada, überhaupt nichts. Keine Planeten, keine Sterne, kein Licht, noch nicht einmal ein Weltall! In diesem riesigen Nichts gab es eine gewaltige Explosion, und plötzlich war da ein Weltall und es ward Licht. Dieses Weltall wurde größer und größer, und langsam entstanden die Sterne und die Planeten und schließlich auch unsere Erde.

Das ist die Theorie des Urknalls. Eine sehr schöne Geschichte, aber es bleiben dennoch Fragen offen. Wie ist der Urknall entstanden? Man weiß es nicht. Es gibt noch eine Menge Ungereimtheiten in der Theorie des Urknalls.

Richtig zufriedenstellend ist diese Theorie also nicht. Es wäre einfach, wenn wir sagen könnten, irgendjemand – ein Super-Ingenieur oder so – hätte das Weltall, mit den Sternen und Planeten, geschaffen. Dann hätte die Suche nach dem Wie und Warum wenigstens ein Ende. Und da kommt Gott wieder ins Spiel.

Gott als derjenige, der den ersten Schubs gegeben hat. Gott hat das Weltall, die Erde und das Leben erschaffen und danach alles laufen lassen. Nach der Schöpfung hat die Evolution mit ihren Mechanismen die Welt von Gott übernommen. Das ist eine Theorie – ein Versuch, das Göttliche und die Evolutionstheorie zusammenzubringen. Aber bei dieser Theorie hat Gott ganz schön an Stärke eingebüßt: Vom allmächtigen Schöpfer und Herrscher des Universums, ist er zu jemandem degradiert worden, der den ersten Schubs gegeben hat – an und für sich immer noch eine schöne Aufgabe.

Aber ob der erste Schubs nun von Gott kam, von einem düsteren Professor oder ob er aus heiterem Himmel kam; aus der Sicht der Evolutionstheorie macht das keinen großen Unterschied. Die Evolutionstheorie handelt vor allem von den Mechanismen und nicht von der Geschichte und dem exakten Anfang der Welt. Die Botschaft der Evolutionstheorie ist, dass man keinen Schöpfer benötigt, um Dinge zu erschaffen. Sie sagt, dass wir und alle anderen Dinge bestehen, weil wir gut im Bestehen sind.

Du machst einen Denkfehler, wenn du glaubst, dass es ein intelligentes Wesen geben muss, das alles geschaffen hat, weil alles so wunderbar zusammenpasst. Dann machst du genau den gleichen Denk-

fehler, den der Spaziergänger gemacht hat, als er dich gegen den Weltmeister Abalone hat spielen sehen – du hattest das Spiel nicht verstanden, aber weil du jedes Mal hundert willkürliche Züge probieren durftest, konntest du am Ende den Weltmeister schlagen. All die Tausend, Millionen anderer Spiele, die du verloren hattest, verschwanden direkt im Schrank und bekam der Spaziergänger nie zu sehen. Er wurde zum Narren gehalten, weil nur die Sachen übrig blieben, die so wunderbar stimmten.

Auf jeden Fall hat die Evolutionstheorie bewirkt, dass eine Rolle von Gott im Laufe der Zeit deutlich geschrumpft ist auf die des Schöpfers, Erdenkers, Erfinders des Universums, inklusive uns. Aber Gott hat mehrere Rollen.

Im Glauben hat Gott ebenfalls die Rolle des Weltherrschers: Gott bestimmt, was erlaubt ist und was nicht. Er bestimmt, was gut und böse ist. Gott gab Moses die Zehn Gebote – er hat sie selbst erdacht und auf große Steinplatten meißeln lassen. Außerdem hat Gott das letzte Wort bei der Beurteilung, ob du gut oder schlecht gelebt hast.

Aber wir haben gesehen, dass auch diese Rolle nicht so relevant ist: Gut und Böse sind keine göttlichen Begriffe. Gut und Böse sind in einem evolutionären Prozess entstanden und ändern sich noch immer. Also nichts von wegen Moses und nichts von wegen Jüngstes Gericht!

Minigott

Wie ist es dann möglich, sowohl an die Evolutionstheorie als auch an Gott zu glauben? Die Evolutionstheorie zeigt deutlich, dass die Welt auch ohne Schöpfer entstanden sein kann, und dass wegen Gut und Böse niemand um den Schlaf gebracht wird. Welche Bedeutung hat es dann noch, an Gott zu glauben? Wer ist dieser Gott, wenn nicht Erschaffer der Welt und Hüter über Gut und Böse? Es gibt Gott gar nicht!

Auf der anderen Seite gibt es Menschen, die Gott spüren und in ihm

Halt finden. Ist es da nicht ziemlich arrogant, diesen Menschen zu sagen, es gibt Gott gar nicht? Als ob sich diese Menschen selbst an der Nase herumführen würden. Diese Menschen fühlen Gott schließlich! Ich glaube auch an Liebe, weil ich Liebe fühle. Wenn jemand behauptet, Liebe gibt es nicht, dann zucke ich mit den Schultern. Mir ist es egal, denn meine Liebe existiert, weil ich sie fühle.

Ich liebe, also existiert Liebe: Ich glaube, also existiert Gott. Dagegen ist nichts einzuwenden – Gott existiert doch!

Aber lass uns auf dem Boden der Tatsachen bleiben. Wenn ich sage, Liebe besteht, weil ich sie fühle, meine ich, dass meine Liebe besteht – ich bin schließlich derjenige, der sie fühlt. Für mich besteht Liebe, weil ich Liebe in mir spüre. Die Schlussfolgerung *Ich liebe, also existiert Liebe* sagt lediglich etwas über mich und wie ich die Welt erlebe. Und dasselbe gilt für die Schlussfolgerung *Ich glaube, also existiert Gott*. An und für sich eine wunderbare Schlussfolgerung, aber sie besagt lediglich, dass Gott für denjenigen existiert, der an Gott glaubt. Und was hältst du hiervon: *Ich habe Angst vor Gespenstern, also existieren sie*. Okay, es stimmt: Es gibt Gespenster – schließlich hast du Angst. Aber jetzt mal ehrlich, gibt es Gespenster wirklich?

Wenn wir alles der Reihe nach durchgehen, bleibt nur noch ein ziemlich dürftiger Gott übrig. Zuerst war er der allmächtige Herrscher der Welt: Er hatte sie erschaffen und bestimmte, was in seinem Königreich erlaubt war und was nicht. Durch Zutun der Evolutionstheorie wurde er zu demjenigen, der den ersten Schubs geben durfte. Und zum Schluss wurde er zu etwas, was nur in der Erlebniswelt eines Gläubigen existiert.

Es gibt sehr viele Menschen, die sowohl an die Evolutionstheorie als auch an Gott glauben. Ich selbst kann das nicht so gut nachvollziehen. Woran glauben diese Menschen um Himmels Willen? An einen Minigott oder an einen echten Supergott?

Kurzum

Die Evolutionstheorie hat das Image von Gott ganz schön angekratzt. Die Evolutionstheorie zeigt, dass man keinen Schöpfer braucht, um Dinge zu erschaffen, und dass Gut und Böse keine göttlichen Begriffe sind.

Es ist die Frage, woran Menschen glauben, die sowohl an Gott als auch an die Evolutionstheorie glauben.

Zum Schluss

Bist du schon mal Ski oder Snowboard gefahren? Eine schöne, glatte, glitzernde Piste hinuntersausen... Es gibt aber auch Buckelpisten. Schon mal eine gesehen oder hinuntergewedelt? Auf Buckelpisten zu fahren ist ziemlich schwierig. Sie sind nicht schön flach, sondern im Gegenteil unglaublich holprig. Eigentlich bestehen sie aus lauter kleinen Minibergen, ungefähr einen Meter hoch. Wenn man sich aus einiger Entfernung eine Buckelpiste anschaut, dann liegen all diese Miniberge ordentlich nebeneinander, immer im selben Abstand. Als ob sie absichtlich so gemacht worden wären. Aber dem ist nicht so. Buckelpisten entstehen von allein, an Stellen, wo der Schnee nicht durch große Schneeraupen plattgedrückt wird.

Eine Buckelpiste ist zu Anfang ein prächtiger, glänzender Abhang. Aber wenn einige Leute den Hang hinuntergefahren sind, entstehen kleine Unebenheiten – eine Folge der Skispuren. Die nächsten Skifahrer meiden die kleinen Hubbel und neigen dazu, denselben Weg wie ihre Vorgänger zu nehmen. So sind Skifahrer nun mal. Dadurch werden die kleinen Hubbel zu größeren Hubbeln. Jetzt wird es Zeit, die Piste mit einer Schneeraupe platt zu drücken. Aber wenn das nicht passiert, werden die Hubbel größer und größer, und es entsteht ganz von selbst eine Buckelpiste. Und wenn es die Buckelpiste erst einmal gibt, ist sie nicht mehr weg zu kriegen. Eine Buckelpiste entsteht irgendwo, mehr oder weniger zufällig, und hält sich selbst instand.

Und eigentlich ist das Leben genau wie eine Buckelpiste: zufällig entstanden und schwierig auszurotten. Nicht mehr und nicht weniger. Das Leben ist irgendwann einmal entstanden, es war gut im Überleben und deswegen ist es heute noch da.

Da sind wir also: Menschen, Rosen, Wildschweine, Bakterien. Allein wegen der Tatsache, dass wir gut überleben konnten. Ohne jeden Grund! Was für eine Enttäuschung.

Das Universum erscheint manchmal wie ein großer Topf Suppe auf einem noch zufällig brennenden Herd in einer Berghütte. Seit Jahren ist keiner mehr vorbeigekommen und es wird auch niemand mehr vorbeikommen. In dem Topf passiert so allerhand; eine Möhre treibt nach links und eine Scheibe Wurst blubbert nach rechts. Und das alles vollkommen grundlos. Sollte aber in diesem Topf etwas passieren, das sich selbst erhalten kann, dann wird es sich auch selbst erhalten. Und genauso ist es mit dem Leben. Ein Topf Suppe, eine Buckelpiste. Kein hochtrabender Auftrag von Gott. Einfach etwas, was im Universum entstanden ist, und scheinbar gut im Bestehen war. Alle Dinge, die es heute gibt, und die es auch vor einiger Zeit schon gab – Pflanzen- und Tierarten, Verhaltensweisen, Regeln, Betriebe, Organisationen, Ideen, Apparate – all diese Dinge sind noch da, weil sie in gewissem Sinne gut im Übrigbleiben sind. Das ist alles, so einfach funktioniert das!

Auf die Frage, wieso das Leben entstanden ist, gibt es keine sinnvolle Antwort. Wieso sind die blühenden Blumen, die köstlichen Erdbeeren und prächtigen Papageien entstanden? Und warum sind wir – die Menschen – entstanden? Wegen nichts! Es gibt niemanden, für den wir entstanden sind und es gibt niemanden, der uns entworfen hat. Nichts deutet darauf hin, dass das Leben aus irgendeinem Grund oder mit irgendeinem Ziel entstanden ist. Wir sind entstanden und hier sind wir. Es gibt noch nicht einmal ein universelles Gut (das Gegenteil von Böse), in dessen Dienst wir unser Leben stellen könnten.

Das bedeutet nicht, dass dein und mein Leben ziellos ist. Das Leben selbst kann sehr wohl ein Ziel haben, nur die Entstehung des Lebens hat

kein Ziel. Und das ist eigentlich sehr gut so. Denn das gibt uns die Möglichkeit, unsere eigenen Ziele zu bestimmen.

Das Wichtigste in Kürze

Die Evolutionstheorie auf den Punkt gebracht lautet wie folgt: Die Vielfalt innerhalb einer Art, der harte Konkurrenzkampf in der Natur und Vererbung sorgen dafür, dass sich eine Art Schritt für Schritt verändern kann.

Eisbären sind weiß, weil sie dann im Schnee weniger auffallen, obwohl sich niemand darüber vorher Gedanken gemacht hat, dass ein Eisbär weiß sein muss, soll er im Schnee nicht auffallen.

Auf die Frage: »Warum bleibt der Eisbär weiß?« kann man eine viel sinnvollere Antwort geben, als auf die Frage »Warum ist der Eisbär weiß?«: Ein Eisbär ist zufällig weiß geworden, und er ist weiß geblieben, weil sich das als besonders praktisch erwiesen hat.

Wenn man ein bisschen dumm und willkürlich herumwurschtelt, aber die anderen alle gescheiterten Versuche vergessen, kann man trotzdem für sehr klug gehalten werden.

Pflanzen, Tiere – und auch Menschen – sind in gewissem Sinne biologische Kopierer, die ihren Genen unterliegen.

Männchen – mit ihrem unbegrenzten Vorrat an Samen – verhalten sich anders als Weibchen, die sparsam mit ihren Eiern umgehen. Aber das Verhalten beider Geschlechter steht im Zusammenhang damit, dass beim Sex Gene weitergegeben werden.

Homosexualität ist nicht unnatürlich. Es ist lediglich so, dass Homo-

sexualität evolutionär gesehen weniger erfolgreich ist als Heterosexualität, weil sich Homosexuelle nun einmal nicht fortpflanzen.

Es ist falsch, dass Pflanzen und Tiere sich fortpflanzen, um die Art zu erhalten. Es ist schlichtweg so, dass die einzigen Pflanzen- und Tierarten, die übriggeblieben sind, die Arten sind, die sich fortgepflanzt haben.

Für das einzelne Pferd ist es unbedeutend, ob die Art bestehen bleibt.

Familienbeziehungen sind für die Mitglieder der Familie vorteilhaft, weil sie ihre Gene verbreiten helfen.

Beiß dich nicht an Genen fest. Eigenschaften, die sich gut vervielfältigen können, werden bestehen bleiben – egal, ob diese Vervielfältigung über Gene, Mund-zu-Mund-Propaganda oder auf andere Weise geschieht.

Zusammenarbeit ist eine Methode, mit der sich jeder größtmögliche Überlebenschancen sichern kann.

Die Moral von Gut und Böse ist nicht als allgemein gültige Moral vom Himmel gefallen, sondern fließend entstanden.

Wenn man Brot stiehlt, kommt man nicht in die Hölle.

Es gibt nirgends ein Naturgesetz, das besagt, die Minderheit müsse auf die Mehrheit hören.

Was Sprungbereitschaft bei einer Pferdeart ist, ist Gewinnsteigerung bei Firmen.

Ehrgeiz und der Wille, Erfolg zu haben ist eine evolutionär vorteilhafte Eigenschaft.

Wir sind nicht die glücklichste Menschheit, wir sind nicht die netteste Menschheit. Wir sind die Menschheit, die absolut ihr Bestes gibt, bestehen zu bleiben.

Es ist die Frage, woran Menschen glauben, die sowohl an Gott als auch an die Evolutionstheorie glauben.

Das Leben ist wie eine Buckelpiste: Zufällig entstanden und nicht kaputt zu kriegen.

Die Entstehung des Lebens verfolgt kein Ziel. Aber das bedeutet nicht, dass das Leben selbst ziellos ist.

Und an was glaubst Du so?

Arnulf Zitelmann
DIE WELTRELIGIONEN
vorgestellt von
Arnulf Zitelmann
2002. 224 Seiten · Halbleinen

Wo kommen wir her? Warum gibt es uns überhaupt? Und wie sollen wir leben? Alle Religionen der Welt haben auf diese Fragen Antworten formuliert und ihre ganz eigene Geschichte von der Entstehung der Welt und dem Platz des Menschen in ihr geschrieben. Arnulf Zitelmann stellt uns hier die Weltreligionen in ihrer Vielfalt vor. Er erzählt von der Entstehung der Religionen und lässt uns an der Lebensgeschichte von Laotse, Buddha, Moses, Jesus und Muhammad teilhaben. Jenseits aller Mythen und Bilder stellt er die großen Religionsstifter vor allem als Menschen dar. Besonders wichtig ist Zitelmann, auf Gemeinsamkeiten und Unterschiede der Religionen hinzuweisen. Denn heute, da die Welt zusammenwächst, wird es immer wichtiger, voneinander zu wissen und zu lernen.

Gerne schicken wir Ihnen aktuelle Prospekte:
Campus Verlag · Kurfürstenstr. 49 · 60486 Frankfurt/M.
Tel. 069/97 65 16-0 · Fax -78 · www.campus.de

Wie wird eigentlich Politik gemacht?

Doris Schröder-Köpf,
Ingke Brodersen (Hg.)
**DER KANZLER WOHNT
IM SWIMMINGPOOL**
oder Wie Politik gemacht wird
2001. 221 Seiten · Halbleinen

Wie sieht der Arbeitsalltag eines Bundeskanzlers aus? Was ist ein »Hammelsprung«? Oder wer hat wohl mehr zu sagen – der Kanzler oder der Bundespräsident? Vielen Jugendlichen, aber auch vielen Erwachsenen fehlen die Worte, wenn sie solche Fragen beantworten sollen. In diesem Buch geben Journalisten, Moderatoren und andere prominente Köpfe eine »Gebrauchsanleitung« zum besseren Verständnis von Politik ab. So erfahren wir, warum der Kanzler »arbeitet« und der Bundespräsident »wirkt« und dass das Kabinett weder Wein noch Klo ist. Wir lesen Geschichten von dem Mädchen Europa, das auf Zeus hereinfiel, von der Gleichstellung der Tiere und von einem Spion, der den Kanzler ausforschte. Manchmal ist Politik so spannend wie ein Krimi.

Gerne schicken wir Ihnen aktuelle Prospekte:
Campus Verlag · Kurfürstenstr. 49 · 60486 Frankfurt/M.
Tel. 069/97 65 16-0 · Fax -78 · www.campus.de